モバイル
コミュニケーション

――携帯電話の会話分析――

山崎敬一 編

大修館書店

はじめに

　「ケータイが携帯する新しいコミュニケーションや生活の形態」ってなんだろう。テクノロジーがもたらす日常生活の変化は，じつはほんの小さなことなのかもしれない。だがその小さなことが，私たちの日常のコミュニケーションや生活の形態に大きな影響を与えているのかもしれない。この本は，普段はなかなか気づかないそうした問題を，日常生活の微細な変化をのぞき込む新しい社会科学の道具である，「会話分析」をもちいて明らかにする。
　この本で取り上げる問題は，例えば次のものである。
　「どうして携帯電話がモバイルコミュニケーションの主役になったのか」「どうして『もしもーし』と言うのか」「『いまどこにいるの』ってどうして言うのか」「電波が悪くて途中で電話が切れたらどうするか」「人と話しているとき，急に携帯電話が鳴ったらどうするのか」「若者はどのように携帯メールを利用しているのか」「緊急時に電話を使って相手にどのように指示しているのか」「携帯を使ってきちんと道案内をしているのに，どうして迷うのか」「モバイルコミュニケーションの新しい道具として，どのようなものが考えられるか」。
　この本では，こうした携帯電話を中心にした，モバイルコミュニケーションの様々な問題を，実際の会話の分析にもとづいて明らかにする。

　携帯電話の会話や携帯メールの収集は，埼玉大学，光陵女子短期大学，立教大学，公立はこだて未来大学をはじめとする様々な大学に通う学生たちが行った。この本はある意味で，携帯電話の会話や携帯メールを集めた学生たち自身の成果でもある。またこの本の編集にあたっては，執筆者でもある，五十嵐素子，鶴田幸恵の二人には大変お世話になった。この二人

がいなければ，携帯電話や携帯メールについて単に外から批評するのではなく，携帯電話の会話やメールの文字そのものを丁寧に分析するという，大変な手間と労力を要するこの本をそもそも企画することもなかったであろう。

  2006 年 3 月

山 崎 敬 一

【執筆分担】
 序 山崎敬一
第 1 章 菅 靖子
第 2 章 松田美佐
第 3 章 西阪 仰
第 4 章 鶴田幸恵
第 5 章 高木智世
第 6 章 坂本佳鶴恵
第 7 章 是永論・五十嵐素子
第 8 章 見城武秀
第 9 章 五十嵐素子
第 10 章 山崎晶子・山崎敬一・杉中紗弥
第 11 章 葛岡英明・山崎敬一

■データで使用されている記号一覧

,	下降調のイントネーションで，連続的であることを示す。
.	下降調のイントネーションで，発話の区切りを示す。
?	上昇調のイントネーションで，発話の区切りを示す。
!	生き生きとした調子を示す。
↑	記号直後の音調が極端に上がっていることを示す。
↓	記号直後の音調が極端に下がっていることを示す。
＞　＜	発話速度が速まっている部分は，「＞」と「＜」で挟まれる。
＜　＞	発話速度が遅くなっている部分は，「＜」と「＞」で挟まれる。
＜	急いで発話が始まっている状態を示す。
下線	強調されている音を示す。
:̲	強調を伴いながら末尾が少し上がるようなやり方で区切りがついていることを示す。
°	発話の音が小さい部分は，「° 」で挟まれる。
:	音が伸ばされていることを示す。長さに応じてコロンの数が増える。
-	音が途切れていることを示す。
h	呼気音を示す。長さに応じてhの数が増える。また，笑いながら発話がなされていることは，呼気を伴う音の後にhを挟むことで示される。
.h	吸気音を示す。長さに応じてhの数が増える。
Heh　huhなど	笑っている音を示す。
¥	発話が笑い声でなされている部分は，「¥」で挟まれる。
mなど	子音のみが発話されていることを示す。
[	2人以上の参与者の発話の重なりが始まる時点を示す。
]	2人以上の参与者の発話の重なりが終わる時点を示す。

=	二つの発話がとぎれなくつながっている箇所を示す。また，音の重なりを書き取ったがゆえに分断された発話がひと連なりであることも，分断された両端に「=」を記すことで示される。
(0.4)	0.1秒単位で数えた沈黙の長さを示す。
(.)	0.2秒以下の短い間合いを示す。
( )	聞き取りが不可能または不確実な部分は，丸括弧で囲まれる。長さに応じて，空白が大きくなる。
(( ))	筆記者のコメントは，二重丸括弧で囲まれる。

〈参考〉

"Transcript notation" in Atkinson & Heritage ed., 1984, *Structures of Social Action: Studies in Conversation Analysis*, Cambridge University Press, Cambridge.

田中博子 2004「会話分析の方法と会話データの記述法」山崎敬一（編）『実践エスノメソドロジー入門』有斐閣

西阪仰「トランスクリプションのための記号」
(http://www.meijigakuin.ac.jp/~aug/transsym.htm)

目　次

はじめに………iii
データで使用されている記号一覧………v

序　モバイルコミュニケーションの課題 …………………………3
　1．本書の構成……… 3
　2．エスノメソドロジーと会話分析……… 4
　3．電話の会話分析のプレリュード……… 5
　　3.1．サックスの電話の分析……… 5
　　3.2．シェグロフの電話の分析……… 7
　4．会話の仕組み……… 9
　　4.1．隣接対……… 9
　　4.2．会話の順番取りシステム………11
　5．遠い声としての携帯電話と人々との関係………12
　6．「携帯する」コミュニケーション………14
　7．モバイルコミュニケーションの課題——時間と空間の組織化………15

第1章　電話の文化史 ……………………………………………19
　1．はじめに………19
　2．電話のボディ・ポリティクス………20
　3．イメージの軽量化——モダンなライフスタイルと電話………22
　4．国づくりの道具から私有・携帯されるコミュニケーション・ツールへ
　　………26
　5．コミュニケーションのデザイン戦略………29

第2章　モバイルコミュニケーションの現在 ……………………31
　1．はじめに………31
　2．パーソナル・コミュニケーション・メディアとしてのケータイ………32
　　2.1．ポケベルからケータイへ——パーソナル・コミュニケーション・メディアの系譜………33
　　2.2．メル友，出会い系，SNS………36

3．多様化するモバイルコミュニケーション………39
　　　3.1．情報娯楽系（インフォテイメント）………39
　　　3.2．消費行動系………40
　　　3.3．監視管理系………42
　　4．おわりに………43

第3章　関係の中の電話／電話の中の関係 ………45
　　1．はじめに………45
　　2．用件の終了／電話の終了………46
　　3．トラブルに対する助言／助言のトラブル………52

第4章　名乗りのない名乗り――携帯電話における会話の始まり ……57
　　1．携帯電話使用における三つの特徴………57
　　2．携帯電話での会話の開始部分………60
　　　2.1．もしもし＋名前を呼ぶことによる呼びかけ………60
　　　2.2．最初の順番での"もしもーし"という発話デザイン………62
　　　2.3．2番目の順番での話題の導入………64
　　3．相互認識の達成は必要ないのか？………66
　　4．相互認識過程の簡略化と親しさ――家族との会話と比較しながら………69
　　5．携帯電話で親しさが示される三つの仕方………72
　　　5.1．呼びかける………72
　　　5.2．"もしもーし"………73
　　　5.3．共鳴させる………74

第5章　「電波が悪い」状況下での会話 ………77
　　1．はじめに………77
　　2．チャンネルが不安定であるということ――「電波が悪い」………79
　　3．「電波が悪い」ことについての連鎖の組織………84
　　4．「用件」連鎖の中断と再構築………89
　　5．「電波が悪い」ことをトピック化すること………92
　　6．おわりに………97

第6章　居場所をめぐるやりとり――ユビキタス性のコミュニケーション
　　　　　　　　　　　　　　　　　　　　　　　　　　………99
　　1．はじめに………99
　　2．居場所を特定する会話………99

3．居場所以上のやりとり………*102*
　　4．状況説明という応じ方………*103*
　　5．導入の連鎖………*106*
　　6．会話の開始………*108*
　　7．導入の連鎖の表われ方………*109*
　　8．用件のない導入………*112*
　　9．おわりに………*116*

第7章　携帯メール──「親しさ」にかかわるメディア ………*119*
　　1．はじめに………*119*
　　2．携帯メールと「親しさ」………*120*
　　　2.1. 携帯電話における「親しさ」………*120*
　　　2.2. 携帯メールに表れる「親しさ」………*122*
　　　2.3.「やりとり」としての意味──「書くこと」の相互性………*124*
　　3．実践としてのメール………*127*
　　　3.1. 連鎖という考え方………*127*
　　　3.2. 連鎖による「資格」の成立………*128*
　　4．メールにおける「親しさ」の達成………*130*
　　　4.1.「親しさ」のいろいろ………*130*
　　　4.2. メールにおける「親しさ」………*133*
　　5．メールにおける関係性の維持………*137*
　　　5.1. やりとりを通じて維持される関係性………*137*
　　　5.2. 連絡手段の選択………*140*
　　　5.3.「電話がかかってこない」状況における関係性の維持………*142*
　　　5.4. メールにおける関係性の維持………*142*
　　6．まとめ………*143*

第8章　「他者がいる」状況下での電話 ………*145*
　　1．ベルが鳴り，そしてあなたは……──携帯電話と参与枠組の揺らぎ………*145*
　　2．参与枠組と共在………*147*
　　3．参与枠組の揺らぎとその修復（1）──参与枠組の分離と再結合………*152*
　　4．参与枠組の揺らぎとその修復（2）──二つの参与枠組の同時維持………*159*
　　5．文脈としての参与枠組／参与枠組のもつ文脈性………*163*

第9章　携帯電話を用いた道案内の分析　165
1．はじめに………165
2．分析の視点………166
3．間欠的移動を伴った事例………167
 3.1.「とりあえず」の待ち合わせ………167
 3.2. 居場所を特定する困難………169
 3.3. 場所を定式化する作法——シェグロフの考察………172
 3.4. 場所の特定の作業——相手の場所の分析と準拠点の設定………173
 3.5. 移動に志向した場所の定式化のデザイン………174
 3.6. どのように移動するのかの決定——互いが出会うことへの志向………175
4．オンライン移動を伴った事例——方向指示を受けながらの移動………177
 4.1. 明示的な相互確認を欠いた移動の相互承認………177
 4.2. 明示的な相互確認の欠如が招くトラブル………179
 4.3. オンライン移動における方向指示の理解………183
5．まとめ………184

第10章　リモートインストラクション——救急救命指示とヘルプデスクの分析　187
1．はじめに………187
2．「携帯電話」によることばを用いたリモートインストラクション………187
3．「携帯電話」を用いた心肺蘇生の遠隔実験………188
 3.1. 患者の位置の問題………189
 3.2. 右側と左側——ことばと身体………190
 3.3. ことばをとおした身体と空間の組織化………193
 3.4. 指示と作業が異なる場合………194
4．「携帯電話」を用いたヘルプデスクへの問い合わせ——いかにして正確な場所を伝えるのか………199
5．おわりに——道具としての「携帯電話」………203

第11章　モバイルコミュニケーションの未来　205
1．はじめに………205
2．デュアルエコロジー………205
3．手振りのインタラクションが可能な共有環境………207

3.1. 手振りの有無とコミュニケーション………208
  3.2. 撮影角度とコミュニケーション………211
4．モバイルコミュニケーションの未来………212
5．おわりに………214

データについて………216
参考文献………219
索　引………224

執筆者紹介………227

モバイルコミュニケーション
――携帯電話の会話分析――

序
モバイルコミュニケーションの課題

1. 本書の構成

　この本は，携帯電話を用いて，人々が自分のいまいる場所から，どういう方法で，遠く離れた場所にいる人々とコミュニケーションを行っているかを具体的に示そうとしたものである。またこの本は，ナビゲーションやリモートインストラクションや遠隔的協同作業というモバイルコミュニケーションの現代的課題を，道案内や救急救命指示やヘルプデスクへの電話等の実際のデータに沿って，具体的に示そうとしたものである。さらにこの本は，現代のモバイルコミュニケーションのあり方や課題を示すと同時に，コミュニケーションや社会の問題に関心をもつ学生や一般読者に対して，現代のコミュニケーションの問題を自分で考えるための実践的な手引きとなるように作られている。

　この本の，第1章，第2章では，モバイルコミュニケーションの歴史について述べる。モバイルコミュニケーションの過去においても現在においても，遠く離れた場所にいる人々とのコミュニケーションの主役にあるのは，テレフォニック（遠い声）なものとしての電話である。第1章では，電話が社会にどのように受け入れられていったかを，広告やポスター等の文化的な表象の歴史を通して示す。第2章では，電話をかけたり携帯メールをしたりする，いわゆる「ケータイ」が，どのようにして現代のモバイ

ルコミュニケーションの主役となってきたかを示す。

　第3章から第8章では，人々と電話の関係を示す。特に，人々が，実際に携帯電話を用いて，どのように実際に会話を行ったり，メールを送ったりしているのかを示す。第3章では，固定電話の会話を取り上げ，電話のなかでどのようにお互いの関係が示されるかを示す。第4章では，携帯電話の開始部分を取り上げ，人々が携帯電話の開始部分でお互いの関係を示すやり方を示す。第5章では，携帯電話においておこりがちな「電波が悪い」という事態に，携帯電話の会話者たちがどのように対処しているのかを示す。第6章では，携帯電話の「いつでも」「どこでも」電話で話ができるという特徴が，携帯電話を用いた会話とどのような関係をもっているのかを示す。第7章では，若者の携帯メールを分析し，「親しさ」を中心に，携帯メールをしている人同士の関係が，携帯メールのやりとりの中でどのように表現されているのかを示す。第8章では，他の人がいる状況で携帯電話がかかってきた時，人々がどのようにふるまうのかを示す。

　第9章から第11章では，リモートインストラクションやナビゲーションや遠隔的協同作業という現代のモバイルコミュニケーションの課題と，そこにおいて生じる問題の解決をめざした新しいテクノロジーを紹介する。第9章では携帯電話を用いた道案内，第10章では病気やトラブルの際の電話を用いた救急救命指示やヘルプデスクへの電話を取り上げる。また，第11章のモバイルコミュニケーションの未来では，リモートインストラクションやナビゲーションや遠隔的協同作業において生じる問題の解決をめざした新しいテクノロジーを紹介する。

2．エスノメソドロジーと会話分析

　この本で用いられている分析の方法は，エスノメソドロジーとそこから生まれた会話分析の方法である。エスノメソドロジーと会話分析は，社会学の中で生まれ，現代のコミュニケーションや社会の研究において広く用いられるようになった。

エスノメソドロジーということばは，ethno（＝人々の）と methodology（＝方法論）という二つのことばから作られた新しいことばであり，日常の人々が会話や身体的相互行為や推論を行っている際に使っている方法論，及びそうした人々の方法論の研究を意味する（浜，2004）。この本は，この研究法を用いて，モバイルコミュニケーションにおいて人々が実際に用いている方法論を具体的に明らかにすることをめざしている。特に，この本で焦点をおいたのは，人々が携帯電話で実際に会話（あるいはメール）を行う際の方法論である。会話を人々がどのような方法論を用いて行うかという研究は，ハーヴィー・サックスとその共同研究者であるエマニュエル・シェグロフらによって「会話分析」として発展した。次の節では，会話分析がどのように生まれたのかを示す。

3. 電話の会話分析のプレリュード

3.1. サックスの電話の分析

会話分析は，1960年代はじめに行われた二つの電話の研究からはじまった。

一つは，ハーヴィー・サックスが行った自殺防止センター（命の電話）の研究である（山崎敬一，2004 c，Sacks，1972 a）。サックスは，そのデータのなかにあった，救急精神病院にかかってきた次のような電話に着目した。（なお，この序であげる例は，英語からの翻訳であり，他の章のデータで使用されている記号とは必ずしも一致しない）。

例1
01　受け手：　はい，こちらスミスです．どのようなご用件ですか?
02　かけ手：　よく聞こえなかったんですが．
03　受け手：　スミスです．
04　かけ手：　ああ，スミスさん．
　　（受け手は電話で相談を受けるスタッフであり，かけ手は電話相談

者である。)

　サックスは，自殺予防センターの電話を分析しているときに，例1のような「よく聞こえなかったんですが」「おなまえをもう一度いってください」というような会話がしばしば生じているのを見いだした。

　この会話は，受け手の名前の問題，すなわちスタッフである受け手の名前が聞こえなかったことから生じた問題のように思えるかもしれない。だが，サックスは，受け手の名前の問題という視点からこの会話を考えるのではなく，かけ手の名前の問題，すなわちかけ手が自分の名前を言いたくなかったという問題と考え，この会話を次のような電話の会話と比較する。

例2
01　受け手：　はい，こちらスミスです．どのようなご用件ですか?
02　かけ手：　あっ私はブラウンといいます．

　命の電話のような相談電話の場合には，相談者が自分の名前を名乗りたがらないという問題が存在する（山崎敬一，2004c）。実際，サックスの取り上げたデータにおいても，例1のような会話の後では，かけ手である相談者は自分の名前を言わずに会話を続けたり，後からスタッフに名前を直接聞かれた場合でも，名前をいうのを拒否したりしている。それに対して，例2の場合には，かけ手は自然に自分の名前を名乗っている。

　サックスはそこから，特に電話での会話においては，相手が最初に「自分の名前を名乗った」あとで「自分の名前を名乗る」という自然な会話の流れがあることに気づいた。サックスは，こうした会話の自然な流れを，連鎖（シークエンス）と呼んだ。またこの会話では，「自分の名前の名乗り」「自分の名前の名乗り」という形で，二つの発話が一つの対（ペア）となった形の発話の連鎖となっている。さらに2番目の「自分の名前の名

乗り」は，最初の相手の自分の名前の名乗りを，自分が認識したことを相手に示すものにもなっている。

　それに対し，例1のケースの場合には，「よく聞こえなかったんですが」と言うことで相談者は，「相手の名前の名乗り」のあとで「自分の名前を名乗る」という自然な発話の連鎖を一度断ち切っている。もちろん，スタッフは相談者に，あとの会話において直接名前を聞くこともできる。だがそれは，例2のように最初に受け手であるスタッフが「自分の名前を名乗った」後で自然にかけ手である相談者が「自分の名前を名乗る」のような，効果を持つことはできない。相談者はあとで直接名前を聞かれたときには，意図的に，名前を述べることを拒否することもできるのである。こうした電話での名前の名乗りの分析は，シェグロフ（Schegloff，1979）や西阪（2004）でも分析されている。また，この本の第4章では，携帯電話における名乗りの問題に焦点をあてている。

　この研究から得られた会話分析への示唆は次のものである。
①会話分析は，一つの特定の会話を分析するものではない。例1の会話の問題は，その会話だけをいくら分析しても解けない。例1の会話を例2のような会話のケースと比較検討することで，問題を解くことができるのである。
②会話においては，会話の自然な流れ，すなわち発話の連鎖が存在する。
③会話においては，「名前の名乗り」「名前の名乗り」というような二つの会話が対となったものが存在する。

　こうした問題は，第2部の携帯の会話分析において，重要な意味をもつことになる。

3.2. シェグロフの電話の分析

　もう一つの会話分析のはじまりとなった電話の分析は，シェグロフがおこなったアメリカ中西部での災害の時にかかった電話の分析である（Schegloff，1972）。シェグロフは，災害時に警察へ，あるいは警察からかかってきた約500ケースの電話会話を分析した。

シェグロフは，そうした電話において，どちらの側が最初に話すのかに着目した。シェグロフによれば，約500ケースのうち，一つの例外を除いて，最初に話したのは電話の受け手であった。このことから，電話においては，「受け手が最初に話す」という規則をたてることもできるかもしれない。だが，シェグロフは，一つの例外を除いた電話データの分析から「受け手が最初に話す」という規則を導き出すだけでは満足しなかった。むしろシェグロフは，そのただ一つの例外に着目したのである。

電話の話し手が最初に話したただ一つの例外は，次の電話会話であった。

例3
　　（警察からの電話。受話器が取られた後，1秒間の沈黙がある。）
　01　かけ手：　もしもし
　02　受け手：　アメリカ赤十字です
　03　かけ手：　もしもし，こちらは警察本部

01行目の「もしもし (hello)」は「呼びかけ」であると考えられる。シェグロフはこの「呼びかけ」が最初の呼びかけであるのかどうかを問題にした。シェグロフは，この呼びかけが，電話のベルの音に受け手が受話器をとったのに何も答えなかったので（1秒間の沈黙がある），かけ手がもう一度受け手に呼びかけたのだと考えた。すなわち，ベルの音が最初の呼びかけであり，01行目の「もしもし」は2番目の呼びかけなのである。このことからシェグロフは，電話会話の開始においては「呼びかけ―応答」という発話の連鎖が基本にあるのではないかと考えた。さらにまたシェグロフは，こうした「呼びかけ―応答」と言う会話の流れ（発話の連鎖）が，電話だけでなく，日常の出会いの開始にもなっていることを示した。

この研究は方法論的にも重要である。会話分析は，会話を集めて分析するからといって，会話の統計的傾向を分析するわけではない。会話分析

は，会話データを集める（コーパスを作る）とともに，例外ケースにも着目し，特定の文脈に対して感受的でありかつまた特定の文脈を超えた形で働く，会話や相互行為の基本的仕組みを研究するのである。

4. 会話の仕組み

この節では，会話分析が明らかにした，会話の基本的な仕組みについて述べていきたい。会話分析の出発点は，電話会話の分析であったが，現在では様々な場面での会話が分析の対象になっている。

会話分析の対象は，「相互行為としての話（トーク）(talk in interaction)」である。また，ことば以外の視線や身体的な相互行為も，研究の対象となっている。特に，視線や身体的な相互行為に着目した研究は，「相互行為分析」とも呼ばれ，特に，チャールズ・グッドウィン (Goodwin, 1981) やクリスチャン・ヒース (Heath, 1984) の研究が有名である。最近では，会話分析や相互行為分析は，コンピュータやテクノロジーを用いたコミュニケーションや協同作業の分析にも使われるようになっている。そうした研究については，第7章，第9章，第10章，第11章で扱うことにする。

ここでは，特に電話における会話の分析を行う上での基礎となる二つの考え方，「隣接対」と「会話の順番取りシステム」を紹介する。

4.1. 隣接対

すでに，会話においては，「呼びかけ―応答」や「名前の名乗り―名前の名乗り」のような対となった発話の連鎖が，重要であることを指摘した。

シェグロフとサックス（Scheffloff & Sacks, 1973）は，「呼びかけと応答」「質問と答え」「挨拶と挨拶」「提案と受諾」「提案と拒絶」といった，隣りあい接しあった（このことが「隣接」ということばの意味である）二つの発話の連鎖が，会話において重要な位置を占めていることを指摘し

た。さらに，そうした隣接した二つの発話が，一組の対として類型化されていることを指摘し，それを「隣接対（りんせつつい＝adjacency pair）」とよんだ。

「隣接対」は会話においてどのような役割を果たしているのだろうか。

第1に，「隣接対」は，呼びかけたら応答する，質問したら答えるというように，人々が会話の流れ（発話の連鎖）を次から次へと展開してゆくための役割を果たしている。それは会話を展開するもっとも基本的なシステムである，次節で述べる「会話の順番取りシステム」の重要な構成部分でもある。

第2に，「隣接対」は，相手が自分の行為を理解したかどうかを確認するための役割を果たしている。呼びかけられた人が，「呼びかけ」に「応答」するということは，同時にその呼びかけが，自分に対する「呼びかけ」であることをその人が理解したということを示している。また，最初の呼びかけ手も，呼びかけた相手がすぐ次の発話で「応答」するかどうかを見ることにより，自分の呼びかけが理解されたかを確認することができる。そしてそのような理解が示されなかったなら，修正を試みることもできるのである。

第3に，「隣接対」は，会話全体を組織するための最小の組織という役割を果たしている。例えば，会話をはじめたり，会話を終了したりするのには，会話の参加者の間で会話をはじめたり終えたりすることへの共通の了解が構成される必要がある。共通の了解をえるためには，お互いの理解をお互いに確かめあい，食い違っていたら修正できることが必要である。先に述べたように，「隣接対」はお互いの理解をお互いに確かめあうことができる場であり，そのための最小の組織である（一つの発話だけでは，理解を確かめることはできない）。それゆえ，共通の了解を構成するのに人々が使う最小の組織がこの「隣接対」である，

人々は「隣接対」を用いて，会話のはじまり（第4章を参照）や会話の終了（第5章を参照）を組織する。隣接対を用いた会話全体のさらに詳しい構造（例えば，先行連鎖や先終了）については，第3章から第8章まで

の各章(特に,第4章,第5章,第6章)を参照されたい。

4.2. 会話の順番取りシステム

　サックスらによれば人々の会話には,(1)一つの会話においては少なくとも一人の,かつ一人の話し手だけが一時に話すこと,および(2)話し手の交代が繰り返されること,という二つの基本的な事実がある。それゆえ,会話は,それぞれの話し手が自分の話す順番を取りあうことであると考えることもできる。サックスらは,この会話において話す順番を取るという問題を「会話の順番取りシステム」という形で示した(Sacks, Schegloff and G. Jefferson, 1974)。「会話の順番取りシステム」は,それぞれの話を一人の話し手がどれくらいしゃべることができるのかを決める「順番構成成分」と,どのように話し手の順番が交代するのかを決める「順番配分成分」の二つの部分からなる。

　「順番構成成分」は,言語構造とも関係している。私たちの話すことばは,単語,句,文といった単位を構成している。会話者は相手のことばを聞くとき,言語構造やイントネーション等から,そのことばが,どういう単位で発せられたのか(単語という単位で発せられたのか,文という単位で発せられたのか)を聞き分けることができる。さらに会話者は,単語や句や文といったそれぞれの単位でなされた発話が,どこで終わるのかを予期することができる。こうした単位の最初の終了点となる場が,順番の移行が適切になる場となる。

　それぞれの話を構成する単位がどこで終わるかを予期できることによって,日常の会話や電話においては,ほとんど沈黙なしに(あるいはわずかの重なりや沈黙を伴って),話し手の交代がなされる。それは会話者が,相手のことばをよく聞き,相手のことばがどこで区切られるのか,すなわち相手の話の単位の終了点はどこかを予期し,その場所で,すなわち順番の移行が適切に行われる場で,話し始めるからである。

　「順番配分成分」は,「順番交代のテクニック」と「順番交代に関する優先規則」からなる。「順番交代のテクニック」は,「今の話し手が次の話し

手を選択するテクニック」と「話したい人が自分から話し手となるためのテクニック」の二つからなる。

「今の話し手が次の話し手を選択するテクニック」としては，相手の名前を呼んだり，相手の方を向いたりするのに加えて，前項で述べた隣接対の最初の部分（「呼びかけ」「質問」）が一緒に使われることが多い。「話したい人が自分から話し手となるためのテクニック」でもっとも重要なことは，ともかく相手より先に話しだすことである。

順番の交代は，順番の移行が適切となる場で，次のような優先規則にそって行われる。

1　今の話し手が話している間に，今の話し手が次の話し手を選択するテクニックが使われていたならば，選択された話し手が優先的な話し手となる。
2　今の話し手が話している間に，今の話し手が次の話し手を選択するテクニックが使われていなかった場合には，話したい人が次の話し手となる。その場合には，最初に話しだした話し手が優先的な話し手となる。
3　誰も自分から話し出さなかったときには，今の話し手がさらに話を続けることができる。このようにして，さらに1から3が繰り返される。

5. 遠い声としての携帯電話と人々との関係

　ここからは，この本の各章が，モバイルコミュニケーションのどのような問題に焦点を当てているのかを，少し詳しく解説していこう。

　モバイルコミュニケーションの，もっとも重要な担い手となっているのは，過去も現在も，遠い声（テレフォニック）としての電話である。

　第1章では，最初「国家の神経系」という形で表現されていた電話が，どのように家庭のものとして，さらにはパーソナルなものとして表現されるようになってきたのかを論じている。さらに，第2章では，携帯電話が

どのようにしてモバイルコミュニケーションの主役となり，さらにはパーソナル・コミュニケーション・メディアの担い手となってきたのかを示している。

　第3章から第8章の各章のテーマの一つは，「遠い声（テレフォニック）」としての「携帯電話」そのもののもつ問題である。従来，固定電話は，電話をする際に，かけ手は誰に電話をしているのかがわかるが，受け手は誰が電話をして来たのかはあらかじめわからないという，受け手とかけ手の知識の非対称性をもっていた。さらにまた，固定電話に対して電話をかける側も，誰が電話にでるか正確にはわからない（相手の父親や母親がでるかもしれない）という問題をもっていた。電話で，受け手が最初に名前を名乗り，すぐにかけ手が名前を名乗るという会話の連鎖は，固定電話のそうした特徴とも関連している。携帯電話のパーソナル化がすすみ，携帯電話の電話番号通知システムにおいて誰から電話がかかってきているのかがわかるようになってきた現在，携帯電話における会話の始まりはどうなるのか，これが第4章のテーマの一つである。だが，電話番号通知システムが発展しても相手が今どのような状況にいるかまでは携帯電話ではわからない。しかも，携帯電話の「いつでも」「どこでも」という特徴によって，携帯電話はどんなときにもかかってくる可能性がある。第6章，第7章ではそうした問題を扱う。

　また，携帯電話は，「遠い声」であるがゆえに，電話の声自体がきちんと通じているかどうか（コミュニケーション・チャンネル）を確認することが必要になる。コミュニケーション・チャンネルの確認は，電話の始まりにも関連している。また，携帯電話は，電波を用いるために，電波状態によって電話が通じなかったり雑音が入ったり，電話が途中で切れたりすることがよくある。第5章では，そうした状況に対して，人々が電話の会話のなかで，どのような形で対処するのかを扱う。

　第3章から第8章で扱うもう一つのテーマは，携帯電話のパーソナル化に伴う，携帯電話を通して行う電話やメールでのコミュニケーションと人々との関係である。

サックスの，もう一つの研究テーマは，人々がお互いをどのような関係にあるものとしてとらえるのかという問題だった。サックスはその問題を成員カテゴリー化の問題と呼んだ（Sacks, 1972 a, Sacks, 1972 b, Sacks and Schegloff, 1979）。

　ここで示されているのは，人々の関係は，電話やメールのやりとりのなかで互いに作られてゆくということである。

　第3章は，電話の中の関係と電話の外の関係が，電話そのものの中で形づくられていることを示している。第4章や第7章は，携帯電話を用いて電話やメールをする人々の親しさという関係が，携帯電話における実際の会話のやりとりや，メールにおける具体的な文字や絵文字のやりとりの中で，お互いに示され共に作られていく様子を示している。また第5章の分析も，電波が悪く電話が通じにくくなるというコミュニケーションのトラブルが生じたときに，人々がどのようにお互いの関係を保ちながらそのトラブルに対処しているのかという問題として見ることもできる。ただし，携帯電話の発展が，人々の関係にとって，すべてそのままでプラスとなるというわけではない。次節ではそうした問題を扱うことにする。

6.「携帯する」コミュニケーション

　従来，電話におけるコミュニケーションが，日常の生活空間とは切り離された別の親密な空間を作る可能性が指摘されてきた（船津，1996）。例えば，友達や恋人から電話がかかってきたとき，人々は目の前にある現実から離れ，遠くにいる電話の相手とのコミュニケーション空間へと，もう一つの現実へと移行するというのである。そしてそのことは，人々の関係を，遠くの相手をより親密にする一方で，近くの人との関係をより疎遠にする可能性がある（船津，1996）。こうした可能性があるときに，人々は携帯電話を用いてどうふるまっているのか。これが，第3章から第8章のもう一つのテーマである。

　携帯電話をはじめとするモバイルコミュニケーションの発展によって生

まれた新しい問題がある。それは，第6章で示される携帯電話の「いつでも」「どこでも」という「ユビキタス性」と関連した問題である。携帯電話を携帯し，携帯電話を持ち歩くことによって，人々は「いつでも」「どこでも」離れた相手とコミュニケーションを行うことができる。だがそのことは，携帯電話によるモバイルコミュニケーションが，人々が「その瞬間に」「その場で」行っている日常の活動と関わりを持つということでもある。

　第6章の「いまどこいんの？」という会話の分析は，携帯電話でのコミュニケーションは人々の日常の生活空間と切り離されるわけではなく，むしろ人々の日常の生活空間との関わりのなかで組み立てられていることを示している。また，第7章で述べるように，携帯メールの使用も，人々の日常の生活空間との関わりのなかでなされているのである。

　そのことが特に問題になるのは，第8章で取り上げる「他の人といる時に携帯電話がかかってきたらどうするか」という問題である。携帯電話は，人々が日常の生活の中で他の人と一緒に会話をしたり別の活動をしたりしている時に，かかってくる。第8章では，そうした時に，人々が携帯電話での会話に参与しながらも，同時に他の人やそこで行われている活動に対して自らの身体を用いて参与している様子を具体的に示している。

7. モバイルコミュニケーションの課題
　　——時間と空間の組織化

　本書で取り上げている問題は，電車に乗っている時や公共の場で，携帯電話をどう使うべきかという，現代のモバイルコミュニケーションのマナーという問題とも関わっている（船津，1996）。だが第8章で示すように，人々は「他の人といるときに携帯電話がかかってきたときにどうするか」という問題を，周りの人と一緒に解決しようとしている。さらに，携帯電話をはじめとするモバイルコミュニケーションが，人々が「その瞬間に」「その場で」「他者と共に」行っている日常の活動と関わりを持つというこ

とは，現代においてより積極的な意味を持つようになっている。それは，人々が，遠隔にいる他者の活動に参加したり，遠隔にいる人々同士の活動を調整したり，遠隔にいる人と協同で作業を行ったりすることが，携帯電話のようなモバイル機器をもちいて，普通にできるようになったということである。第9章から第11章では，リモートインストラクション，ナビゲーション，遠隔的協同作業という，現代のモバイルコミュニケーションの新しい問題を扱う。

　もちろん，リモートインストラクションやナビゲーションや遠隔的協同作業は，携帯電話の登場以前にも存在した。だが携帯電話の登場と高速無線網の発達によって，専門家ばかりでなく一般の人も，リモートインストラクションやナビゲーションや遠隔的協同作業を行うことができるようになった。そのことは，リモートインストラクションやナビゲーションや遠隔的協同作業をいつでもどこでも手軽に行うことができるようになったということと，いつでもどこでも生じうる日常のトラブルの際や，いつどの瞬間にどの場所で生じるかもしれない災害や事故等の危機的な状況において利用できるようになったということを意味する。

　ここで示していることは，こうした新しい現代のモバイルコミュニケーションの問題が，共通の課題をもっているということである。モバイルコミュニケーションは，「それぞれの時間」と「それぞれの空間」で「それぞれの相手」と活動している人々を結びつける。だが，遠く離れた人々の，それぞれの時間と空間における活動を組織化し，互いに結びつけることはたやすいことではない。第9章，第10章では，電話による音声でのコミュニケーションにおいてどのような問題が生じるかを示している。だがそうした問題は，電話が音声しか伝えないメディアであるからということだけで生じる問題ではない。第11章で，デュアルエコロジーの問題（遠隔的協同作業においては，互いに違った二つの環境のなかで人々が他者と相互行為をしているという問題）ということばを使って示したように，たとえ映像情報が伝わったとしても，現代のモバイルコミュニケーションの問題は解決しないのである。

むしろ問題は，例えば，人々が携帯電話を用いて道案内をするときのように，互いに歩き回りながら，それゆえお互いの空間や活動を変化させながらコミュニケーションを行っていることから生じる（第9章）。あるいは，例えば，問題は，ある瞬間にある場所で突然生じてしまった災害や事故の際や，日常生活における様々なトラブルを解決するために，119番やヘルプデスクへ電話をかけながら，救急救命処置を行ったり，機械の故障を直そうとしたりするときに生じる（第10章）。

すなわち，こうした問題は，すべて人々がそれぞれの時間と空間の中で活動していること，さらにそうした人々の間を結びつけなければならないこと自体から生じているのである。またそうした問題は，携帯電話のようなモバイル機器を用いたモバイルコミュニケーションの発達によって，いつでもどこでも誰にでも生じる問題になったのである。

第1章

電話の文化史

1. はじめに

　「現代文明にみられるどんな魔法よりも，電話は最も驚異的な功績だと私は思う」(Dreyfuss, 1955)。これは，インダストリアル・デザイナーの第一世代を代表するヘンリー・ドレフュスの言葉である。彼は1930年からアメリカのベル電話試験所のコンサルタントとなり，さまざまなモデルチェンジに携わった。1965年に世界で初めてダイヤルと通話口を一体化させたモデルを生み出した人物でもある。ドレフュスがコメントしたのは1955年。街ゆく人々の手に収まった多彩な携帯電話がきわめて日常的な光景となった昨今の状況を彼が目撃したならば，いったいどのような感想をもらしただろうか。

　携帯電話が登場したのは大阪で開かれた万国博覧会 EXPO'70（1970）においてである。当時電電公社と呼ばれていたNTTが，重さが約600グラムの携帯電話の試験機を万博に出品した。以後さまざまな技術革新を経て，携帯電話に多様な機能が加えられ，カメラ，音楽やテレビ番組の受信，そしてビデオの付いた「第三世代」にまで発達した。そもそも電話はおしゃべりに使われるようになる以前は，現在のラジオ的な役割が主流であった。19世紀末には，劇場の公演が電話で受信できるシステムがパリやミュンヘン，ロンドンなどの大都市に装備されて音楽や演劇が中継され

ていたし，両大戦間期イギリスでは「テレフォン・チェス」という電話を介してのチェスマッチなども催されていた。

いうまでもなく，携帯電話の利点はそのモビリティ（可動性）にある。そしてモビリティを実現するのは，「テレフォン」（ギリシャ語の「テーレ（遠い）」と「フォーネ（音）」からの造語）ということばのとおり音を伝える「空間の超越」と，「軽量化」という二つの要素である。電話というコミュニケーション支援技術の進化と受容の文化史は，この二つの要素をどのように達成し，また人々に視覚的にアピールしていくかの歴史であった。以下で，電話の表象の変遷を辿りながらその経緯を概観したい。

2．電話のボディ・ポリティクス

古来，技術と権力とは結びついてきた。19世紀に登場した電信電話の通信技術は，当初は「子供のおもちゃ」と相手にされなかったが，やがて一国の経済発展を動かす道具として認知されるようになった。国家の威信を懸けたアメリカ初の万国博フィラデルフィア博覧会において，グラハム・ベルの電話が登場したことも，これと連関している。この発明品は，20世紀初期までには明らかに「力」の象徴となっていた。電信電話の普及率は，国の近代化の象徴であり，ものさしであった。

こうした「力」としての電話は，感覚器官や身体的なメタファーをまとうようになる。電話は電報とは異なり，そのまま（多少聞き取りにくいとはいえ）肉声を伝える。いわば身体の一部である耳や口の延長として機能しているのである。マーシャル・マクルーハンは，本は目の延長，ラジオは耳の延長といった具合で「感覚器官の延長」としてメディアや道具をとらえた。電話に関しては，個人の聴力あるいは声の延長とみなされるようになるまえに，これは電話技術を統括している国家の身体として表象されている。

たとえば1920年代のイギリスでは，逓信省のサービス内容は，「国　家　の　神経系」という言葉で表現されていた。電話に限らず，通信技術の発展

は，国家という身体の神経細胞の伸長としてとらえられた。24時間稼働する郵便物運搬用列車や電信電話サービスは，そのまま血液循環システムにもなぞらえられた。そして1930年代には，電信電話のポスターや展示会に，「手」をモチーフとしたデザインがしばしば登場した。それは，世界へと伸びゆく国家の「手」であると同時に，これまで人々のメッセージを運び伝えてきた国の郵便システムの従事者たちの象徴であった（図1：「喜びの気持ちを祝電で送りましょう」）。こうした国家という身体の機能の延長としての手の表象には，電話を使用する国民の姿（消費する側）よりもむしろ，国家が有するひとつの技術の達成という誇示の意味合いが強かったことがうかがえる。

図1　アブラム・ゲームズ作，1934年頃

　一方，こうした国家によるコミュニケーション力の表象と同時に，批判的な電話イメージも社会のなかで生み出されていた。それには電話の「かたち」が大きな影響を与えていた。当時の電話がニッケルのメッキかペンキで黒く塗られ，長細い金属の胴体をもつ「燭台」型の卓上電話であったことから，その外観がスーツに身を固めたビジネスマンを容易に連想させた。そして電話と威圧的な国家権力，あるいは高い電話料金を設定する逓信大臣の像とが重なり合って，逓信省は仕事と権力という上からの「力」のイメージをまとうことになったのである。

　当時，通信技術は他の技術と同様に男性中心の領域であり，仕事の場で使用されることが前提となっていた。電話のイメージはその連想から，重く堅くシリアスなものであった。その結果，装飾的なデザインを施された高価な電話機を購入する余裕のある一部の階層をのぞいて，電話は一般の家庭からはながらく遠い存在でありつづけた。

　しかし，これは現在われわれが目にする固定電話や携帯電話のイメージ

とは大きく異なっている。いまでは技術はもはや堅苦しい権力と結びつけて語られることはなく，流行のなかの個人的な消費財とみなされている。電話のイメージ自体が「軽量化」されたのだと言えるだろう。R・マルシャンド（Marchand, 1985）は，アメリカで電話を普及させた鍵は「パーソナライゼーション」にあった，と論じている。人々の電話にたいする心理的な抵抗感を押さえるためには，「必要」から「利便性」を満たし，さらには「贅沢」なものへと電話のイメージを変換させることが大切であった。このパターンは他の国々にもあてはまる。電話の表象をダイナミックに変容させることが，現在の「パーソナライズ」された通信技術への重要な第一歩であった。

3. イメージの軽量化——モダンなライフスタイルと電話

では，電話のイメージは具体的にどのように変容したのだろうか。戦前の欧米諸国の中でもっとも電話の普及率に伸び悩んだ国，イギリスの例をみてみよう。

メディアには現代の社会階層の上層部と下層部を均す働きもあるが，それ以前に，まずは社会的差異を浮きたたせるものでもある。産業技術から情報技術のほうへ重心がシフトした「脱工業化社会」（Bell, 1973）の兆しは戦前から見られ，「テクノクラート」は戦間期から問題となっていた。ある技術が導入されるということは，それを使える人と使えない人とが分けられるということである。固定電話の普及率が悪かった時分，電話の「正しい利用法」を知らない人々は揶揄された。社会の笑い

図 2 『パンチ』誌，1930 年 2 月 19 日号より

の種をたえず見つけ出してきた雑誌『パンチ』には，そうした例が多く掲載されている。そこにはいくつかの傾向がある。まず，描かれる対象には圧倒的に女性が多い。なかでも使用人と老婦人である。それはジェンダーや世代，階級と技術の受容との関係の縮図でもある（図２：電話の使い方が分からず電話に話しかける使用人）。

　とりわけ「技術に弱い女性」という固定観念が定着していた社会のなかで，ジェンダーの描かれ方は電話のイメージ変容に大いに関係している。そもそも電話サービスが始まると，多くの女性が国のための，すなわち「世間体の良い」仕事であるという理由から電話交換手として社会で働き始めた。むろんこれは女性の方が給料が安い上に，男性よりも声が高く機械をとおして聞き取りやすい，指が細いためキーをたたくのに好都合であるといった物理的な理由からでもあった（Lupton, 1993）。こうしてサービスの提供に女性が大きく貢献し，女性と技術の新しい関係が築かれることになったにもかかわらず，実際に家庭で女性が電話を現在のように用いるまでにはさらなる時間を要している。19世紀的なジェンダー観からすれば，女性が技術によって外の社会と積極的に繋がりたいという欲望をもつこと自体が社会的な規範の外だったからである。

　1920年代のイギリスでは，他の先進諸国と比較しても電話普及率が極端に低く，アメリカは7人に1台，カナダは9.6人に1台，オーストラリアやニュージーランドでも12人に1台の普及率であったのに対し，イギリスでは47人に1台の割合であった。その違いの一因は，アメリカやカナダが早くから女性をターゲットにした広報を行い，電話技術を使いこなす女性イメージを社会へ発信することによって電話を身近なものにしていたのに対し，イギリスではビジネスマンと電話の連想が強いままであったことである。

　電話を普及させていくためには，消費者としての女性を演出し，古い見方を打破するための工夫と仕掛けが必要であった。第一次大戦後の経済不振のなかで，通信技術の普及の必要性を強く感じていたイギリスでは，1920年代にようやく，「すべての家庭に電話を」あるいは「あなたの家庭

に電話を」といった「家庭」をテーマにしたリーフレットやカードが作成され，流行の衣服をまとう「たしなみを身につけた」婦人がくつろいで電話を利用する様が広告に描かれ始めた。しかしこの時期に描かれた女性は，概して家庭で夫の帰りを待つ，あるいは家族からの連絡を待つ静的な女性たちであった。

女性と電話の関係がより動的なイメージで描かれるようになったのは，1930年代である。当時の商業戦略に頻繁に登場していた拡販のキーワードは，「モダン」と「流行」であった。イギリスの逓信省も，女性の家庭における「創造性」を，あるいは社会での活躍を前提とした広報戦線をはった。家庭では，電話は「モダン」なライフスタイルの「アクセサリー」であった。パンフレットには，「モダンな家庭はあらゆる新しい目的で電話を使います」，また電話は「線の優美さと操作の効率性を統合しており，オフィス同様に家庭を引き立てます。……家庭では装飾となり，どの部屋をも引き立てるアクセサリーとなります。ベッド脇に置いても理想的です」と，あたかも服飾品の売り文句のような文章が並ぶようになった。

また1931年にイギリスで行われた電話キャンペーンでは，多色刷りでハリウッド女優のようなセクシュアル・アピールのある女性イメージが描かれた（図3：「生活を楽にしましょう，あなたの家庭に電話を一台」）。理想的な若い女性像を男性的な視点から描いたものであったとはいえ，通信技術を自分のために積極的に楽しむ女性が魅力的に表象されたことの意義は大きかった。

またこの頃には，第一次世界大戦後に急激に増加した「職業婦人」もターゲットとして重視されるようになった。電話を普及させるための展示会でどうやって女性の顧客の心をつかむのか，その手段をある事務員が逓信省の機関誌で披露している。

図3　パット・キーリィ作，1931年

「今は電話はありませんの」「電話がない,ですって?」と私はびっくり仰天してみせる。「あなたのようなモダンな職業婦人が,電話なしってことはないでしょう?」これで決まり。「モダンな職業婦人」は自分の重要性に気付き,広大な問題をとりしきる格別な重要人物,つまり兎にも角にも電話を持たなければならない人物として自分を認識するのである。これで,売り上げは一丁上がり!(*Post Office Magazine*, vol.1, 1934)

こうして社会には流行遅れにならないため,「モダン」な自分を表現するため,社会的な有用性を誇示するために電話を買う女性が増えていった。

電話は,「ライフスタイル」をデザインする小道具と化した。とりわけ1930 年代は「カラー電話」が広く宣伝され,選択のバラエティとともにファッション的要素はさらに高まった。イギリスでは一番人気はアイボリー色,二番は金色であったが,他にもチャイニーズレッドやクルミ色なども入手可能であった。「あなたのパーソナルな趣味に合わせて」,または部屋の「色彩計画に調和させて」,自分に,あるいはカーテンの色に合った電話の購入が可能となったのである。

電話イメージが変化したもうひとつの理由に,「燭台」型にかわって1929 年に導入された,話す口と聞く口とが一体化した「ハンドセット」型の電話が標準となったこともあげられるであろう。この型の電話は,1930 年代を「プラスチック時代」と呼ばしめたほど当時広く用いられ始めた素材,ベークライトで製造された初の量産製品でもある。ベークライト製の電話は,これまでの燭台型とは異なる電話のイメージの定着に貢献している。底の広いデザインは心理的により安定感を与える。また素材の性質から,体感温度の低い金属を胴体に用いた従来の燭台型よりも,表面がよりスムーズで暖かく感じられた。この「暖かさ」という質感と,片手で使える簡易さは,年配者から子供までのコミュニケーションの道具であった。また女性使用者にとっては,胴部を握る仕草からハンドセットを手に取り小首を傾げる仕草への変化は,より女性らしさの社会的規範にそう

ものでもあった。こうした電話のイメージ転換を通じて，イギリスは電話の普及率を大きく伸ばしたのであった。

4. 国づくりの道具から
　私有・携帯されるコミュニケーション・ツールへ

　現在，携帯電話大国である日本では，どのような過程で電話が普及していったのだろうか。日本における普及の特徴は，いったん「パーソナライズ」された後のスピードであるように思える。

　日本では，1889 年に電話が開通した。東京～熱海間の公衆用市外電話の取扱いであった。初の公衆電話と呼べるものは上野と新橋駅構内に 1900 年に設置された。夏目漱石の『我輩は猫である』(1905) には，「女はしきりに喋舌っているが相手の声は少しも聞こえぬのは，噂にきく電話というものであろう」というくだりがあるが，戦前の日本の一般家庭への電話の普及は，イギリスよりもさらに遅れていた。日本では，電話の娯楽性は当初ほとんど考慮されず，ひたすら国家による国民の管理のための技術として位置づけられていた（吉見，1995)。1930 年代までのヨーロッパと同様に，主たる用途は事務用など男性中心の仕事の場にあり，家庭での普及はごく一部の富裕層にとどまっていたのである。

　そうした状況は，戦後の日本復興と平行して急速に変わっていった。電話は通信技術の革新とともに庶民へ開かれたものとなった。電話事業自体は 1949 年までは逓信省，そして 52 年までの電気通信省の所管を経て，日本電信電話公社に移管され，電信事業とともに独占事業として遂行されることになる。

　固定電話が私用として「パーソナライズ」される第 1 段階は，電話がオペレーターを使わない自動式となったことである。1956 年に，自動ダイヤルが東京近郊に導入された。これによって電話が繋がるまでの時間は一気に縮まり，人々はまさにリアルタイムのコミュニケーションを掌中におさめることになった。コミュニケーションに介在する人たちが消滅してい

くことによって，その個人性も高まっていったのである。

　その後の展開は早かった。ポケットベルの登場が1968年（第2章参照），その翌年には「プッシュホン」が導入された。1970年に携帯電話が登場，1980年にはコードレスホンが，85年には脱着型の自動車電話「ショルダーホン」が現れた。この年，「電気通信事業法」に代表される通信自由化により，電々公社がNTTとして再出発する。電話を国の管理から（かなり公的な性格を残したものであったにせよ）民間事業とした構造改革の中にも，プライベートな領域へと移行していく電話のありかたが反映されていた。複数の企業間の競争原理が働き，以降の早い技術/デザイン革新を促進した。そして1987年，ついに携帯電話サービスが開始した。その時の重さは約900g，今の最軽量パソコンより少しましな程度であったが，その後の10年間で携帯電話の重量は100gを切るまでになる。

　携帯の広告はかつての電話と同じように，当初は堅い「ビジネスマン」のイメージから出発している。そもそも自動車電話は管理職の男性ビジネスマンが移動時に用いたものであり，新たに「携帯」を売り出すとき，最初の顧客ターゲットは自動車電話の使い手が中心であった。しかし，携帯の軽量化と同じくらい早く，携帯の消費者層は多様化していった。広告によるイメージ操作の影響も大きい。まず，携帯の広告で象徴される人物は，同じビジネスマンでも年齢層が若いサラリーマンへと広げられた。たとえばある電話会社のメインキャラクターとして登用された若手俳優は，たいていスーツをかっちりと着こなし，クールかつ（携帯で可能となるモビリティによって）活動的なイメージを強調していた。

　こうしてまずは男性のビジネス中心で展開していた広告業界の次の動きは，「女性」顧客へのアピールであった。しかしこれはキャリアウーマンの表象ではなく，「ファッション」リーダーであるアイドルの登用で始まった。また，携帯ストラップの過剰なまでの装飾性に象徴されるように，携帯は機械としてではなく徹底的にアクセサリーとして提示された。その最たる例は，2000年に出された「浜崎あゆみのデザインモデル」の「おしゃれ」な携帯であろう。浜崎はこのとき自分と「同年代や若い子」に持

ってほしいとアピールし，携帯使用者の低年齢層化に拍車をかけている。

　またこの頃から，「デザイン」が携帯の大きな要素を占めるようになる。固定電話でもグッド・デザイン賞を受賞するような「デザイン家電」が社会でもてはやされるようになっていた。ある携帯会社でも「design project」(2001) が開始され，2003年の「INFOBAR」を始めとして，同年末の第二弾「W11K」，第三弾「タルビー」(2004)，そして「PENCK」(2005) とデザイン・コンシャスな生産ラインが一つの柱となっている。最近の新しい動きは，触感の重視であろう。かつて鉄からプラスチックへと電話の素材が移行したときにも，質感の変化は新たな消費者を生み出した。しかし戦後のすさまじい使い捨て文化を経た現在，自然素材を重視することが「本物志向」あるいは「大人」の象徴となった。こうしたこだわり派のために2005年，革のような手触りで「手にしっくりなじむ」ケータイに自分だけの愛着を込めてほしい，という「レザータッチ・デザイン」の電話も登場した。

　さらに，一家に一台であったかつての黒電話から，家族がひとつずつコミュニケーションの端末を所有する時代へと移行させる最後の砦，新規のテクノロジーに疎く無駄話を好まない高齢者世代に対しても，「シンプル」で「簡単」なインタフェース・デザインを売りにした商戦が展開されている。

　近年とりわけ強調されているのが，娯楽とファッションとコミュニケーションを求める「普通の若者」の表象である。着メロのダウンロードや壁紙の選択によって「私らしさ」や個性を支援する要素は無限に広がっている。プライベートな機械としての機能はますます高まっている。携帯はもはや声や耳の延長に留まらない。音楽やデザインの「好み」を外面化した個人の「分身」である。それゆえに，携帯をたまたま忘れてしまった日に人は何とも言い難い不安感にさいなまれるのではないだろうか。

5. コミュニケーションのデザイン戦略

　1990年，NTTは21世紀のコミュニケーションの骨子として「2005年の情報通信技術」を刊行し，そのなかでVI&P（ビジュアル・インテリジェント＆パーソナル）計画を打ち出した。その核として光通信やコンピュータの普及には言及しているが，インターネットと携帯のこれほどまでの爆発的な普及については予測外であった。携帯電話の多機能化は進み，買い物機能，メール機能，ネット機能，テレビ機能，とさまざまな機能が満載されるこの小さな端末の担う役割も無限であるかにみえる。

　それらの機能を介した自分の「分身づくり」と自己の「コンテンツ化」には，さまざまなデザイン戦略が絡んでいる。これからのコミュニケーションの進化は，そうしたデザイン戦略の行く末とも大いに連動している。

第2章
モバイルコミュニケーションの現在

1. はじめに

　この章では、モバイルコミュニケーションの「進化」の経緯とその現状について考察する。ただし、ここで取り上げる「モバイルコミュニケーション」とは、携帯電話やPHS（以下、両者を合わせて、この章では「ケータイ」と呼ぶ）での通話やメールを中心とした「対個人」、言い換えれば、人と人との一対一のコミュニケーションだけではない。

　そもそも、モバイルコミュニケーションが、今日のように「ケータイを用いたさまざまなコミュニケーション」の意味合いで使われるようになったのは、1999年2月のi-mode登場以降のことである。i-modeをはじめとしたケータイ・インターネットが普及することで、まずはケータイを用いた電子メールの利用が急増し、ついでウェブ利用も徐々に増加した。このため、「モバイル＝ケータイ」といった図式が広まった。しかし、それ以前は、「モバイル」といえば、外出先でケータイとPDA、もしくはPCを利用するものととらえられており、その利用者も、ビジネスでの利用を中心としたパワーユーザーが想定されていた（松田，2003）。

　パワーユーザーのみに限られていたモバイルコミュニケーションが、ケータイという手段によって、多くの人に身近となったことにより、現在、さまざまな可能性が模索されている。たとえば、総務省が2010年の実現

を目指しているのがユビキタス社会（u-Japan）である。それは，「いつでも，どこでも，何とでも，誰とでも」ネットワークにつながり，情報の自在なやりとりを行うことができる社会であるという（総務省編，2005）。これを実現する上で中心となるインフラとして挙げられているのが，ブロードバンド・ネットワークとモバイル・ネットワークである。というのも，たとえば，製造・物流・在庫管理を効率化するためにICタグを実用化することが目標とされているが，その実際の運用場面では有線のネットワーク環境ではなく，無線のブロードバンド環境やケータイの活用が念頭におかれている。あるいは，賞味期限管理をおこなう冷蔵庫なども実用化が図られているが，これも利用者が外出先で，ケータイを用いて家庭の冷蔵庫から情報を入手する状況が想定されている。いまやケータイがつながる相手は人間だけではない。遍在するコンピュータも重要な相手となっている。

　以下では，このように多様化するモバイルコミュニケーションの状況を整理，分析するために，まず，「対個人」のモバイルコミュニケーションのありようを紹介する。その上で，ケータイ端末を用いたその他のコミュニケーションのうち，個人が直接的に関わるものを「娯楽情報系」「消費行動系」「監視管理系」に大別し，紹介する。

2. パーソナル・コミュニケーション・メディアとしてのケータイ

　2005年11月末のケータイの契約数は9,400万を超えている（携帯電話とPHSの合計。財団法人電気通信事業者協会発表）。自動車電話のサービスが始まったのは1979年，車載兼用のショルダーフォンを経て，携帯可能なサービスが開始されたのは1987年のことである。普及が進んだのは，端末の売り切り制導入とデジタル系の事業者の参入による一地域四社体制が実現した1994年以降であり，この10年間で契約数は10倍以上となっている（1995年12月の契約数は866万）。当初，ケータイは固定電

話の利用できないところで利用されるものであったが、このような爆発的な普及とそれに伴う低価格化により、むしろ、パーソナル・コミュニケーション・メディアとして利用されるようになった。

　たとえば、一日のトラフィックの傾向をみると（総務省編、2005）、携帯電話の通信回数のピークは17時過ぎであり、22時になっても9時台と同じ程度発信されている。通信時間のピークも17-18時台であり、固定電話の通信時間が減る22時以降になっても利用は多く、深夜にかけて通信回数は減るものの通信時間はさほど減らない（17時台と比べると23時台は、通信回数は3分の1以下だが、通信時間はあまり変わらない）。このように一般の加入電話と比べて、ケータイが「いつでも」――深夜でも――利用されるのは、個人専用の電話だからである。これは、ケータイが「移動中や外出先でのみ利用されるもの」＝モバイル・フォンから、常に「個人とともにあるがゆえに、いつでもどこででも利用しうるもの」＝パーソナル・フォンになったためである。ケータイを用いたコミュニケーションとは、モバイルコミュニケーションである以上に、パーソナル・コミュニケーションとなっている。

2.1. ポケベルからケータイへ
――パーソナル・コミュニケーション・メディアの系譜

　現在のモバイルコミュニケーションを理解する上で欠かすことのできないのは、今日、「遺物」とでも呼ぶべき存在となったポケベルことページング・サービスである。なぜなら、第一に、ポケベルはケータイに先んじたパーソナル・コミュニケーション・メディア――個人所有され、私的な目的で利用されるメディア――であるからである。

　ポケベルが日本電信電話公社によりサービス提供されはじめたのは、1968年のことである。当時のポケベルは「トーンオンリー型」と呼ばれる、呼び出し音が鳴るだけものであり、営業など外回りに出かけている社員を呼び出すために会社が導入することが多かった。組織が個々の人間を管理するために利用されたポケベルには、「会社からの鎖」といったイメ

ージが定着する。このような利用方法とイメージが転換するのは1985年の通信自由化以降である。とくに、87年にはその後の若年層へのポケベル利用拡大につながる、二つの画期的な出来事が起こる。一つは、4月のディスプレイ型ポケベルの導入であり、もう一つは9月以降の新規事業者（NCC）の参入である。

　ディスプレイ型ポケベルの何が画期的なのか。ディスプレイ型とはポケベル機器の液晶画面上に数字や文字を表示するタイプを指す。このタイプの場合、ポケベルを呼び出す際に、ポケベル所有者に電話をかけてほしい番号を表示することができる。これにより、ポケベル所有者は複数の人に自分のポケベル番号を教えることが可能となったのである。それまでのトーンオンリー型は呼び出し音しかならないために、特定の相手や会社からの呼び出しにしか利用できなかった。しかし、ディスプレイ型であれば、複数からの呼び出しに対応できる。こうして、ポケベルは「ビジネスマンの必需品」から「若者メディア」へ、「用件連絡のため」から「遊びのため」のメディアへと変容していった。

　その後、ケータイの普及を受けて、ポケベルの加入数は激減、NTTドコモは2007年3月末をもってサービスを終了する予定である。しかし、このようなポケベルの「衰退」は、一方的にメッセージを入れ、相手からの電話連絡を待たなければならないポケベルより、直接会話できるケータイの方が便利だったからではない。むしろ、文字によるコミュニケーションにはケータイの方が便利であり、その上、会話もできるためだ。ポケベルはケータイのマルチメディア化――音声メディアであるだけでなく、文字メディアとしても利用可能となった――言い換えれば、ケータイの「進化」を刺激する役割を果たしたのである。

　実際、1997年以降、各事業者が相次いで、ケータイ単体で電子メールが交換できるサービスを開始すると、10代の若者たちのあいだでは、ケータイ利用の中心は急速にメールへと移っていく。ポケベルの流れをくむ、文字メッセージ交換の「楽しみ」を知る若年層のユーザーが、通話と比較した場合の料金の安さと、異事業者のケータイ間はもとよりPCとも

メール交換ができる便利さを活用し始めたのである（もちろん，同時期に進んだインターネットの普及もモバイルコミュニケーションの展開を語る上では欠かせない。松田（2003）を参照）。

　NHK放送文化研究所が2001年10月におこなった生活時間調査によれば，10代女性のケータイ・メール平均利用時間は1時間58分（行為者平均時間，ちなみに行為者率は31％）であるという（三矢ほか，2002）。ケータイで便利だと思うことを小学生にアンケートしたところ，「電話もできる」と答えた児童が何人もいたという笑い話のような話もある（野間，2005）。通話よりメールを多く利用する人は，増加傾向にあるというデータもあり（図1），ケータイは電話＝音声メディアとしてではなく，文字メディアとしての利用が中心となりつつある。その意味でもポケベルの「功績」は重要である。

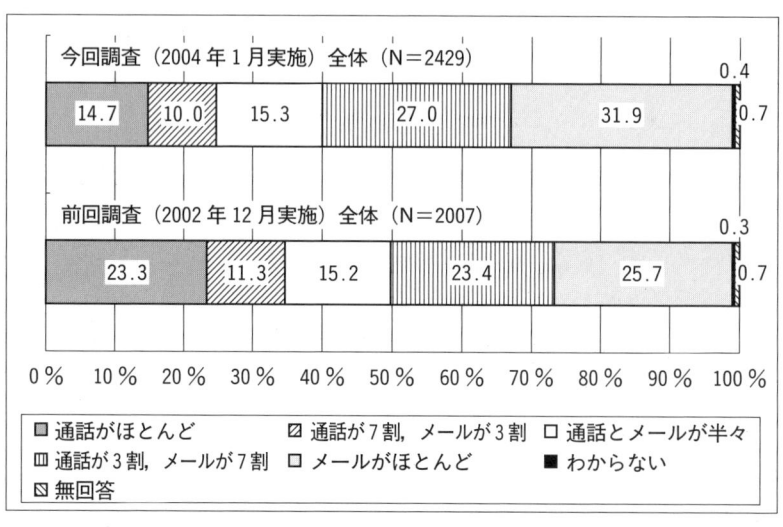

図1　私用の通話とメールの利用回数比率
出典：(株)イプシ・マーケティング研究所，「第4回コンシューマレポート携帯電話の利用に関する調査（II）結果」（2004/4月）
http://www.ipse-m.com/report_csmr/report_c4/IPSe_report4.pdf

2.2. メル友，出会い系，SNS

さて，ケータイ利用の主流は，メールでも通話でも，家族や友人との連絡やおしゃべりであるが，それ以外の対人コミュニケーションにも利用されている。

1990年代半ばの若者の間でのポケベルの流行とともに，マスコミの関心を集めた現象の一つに「ベル友」がある。ベル友とは，ポケベルでメッセージ交換をおこなうだけの友達のことであり，名前も顔も知らない相手のことを指す。ベル友と日に何十回とメッセージ交換をする若者がおり，中には「(悩み事などを) 友達には言えなくても，ベル友には言える」と考えている若者がいることなどが，当時，驚きをもってマス・メディアで伝えられた。しかし，富田 (2002) で論じられているように，このベル友は突如現れたものではない。テレクラや伝言ダイヤルなどメディアを介して成立する「匿名の人間関係」はそれ以前にも存在しており，若者の利用するメディアが，家庭の電話や公衆電話から，ポケベルへ，そして，ケータイやインターネットへと変わっていくにつれ，形を変えてながら存在し続けているのである。

今日，ケータイ・メール交換のみをおこなう友人は「メル友」と呼ばれている。しかし，ベル友よりメル友は匿名性が低い関係である。というのも，ベル友が全く知らない「適当な」番号にメッセージを入れることから始まるものであったのに対し，メル友としての出会いの主流は「友だちの紹介」によるためだ。このように「出会い方」が違うのは，ケータイ・メールの普及に伴う迷惑メールの増加により，多くの人が自分なりのメール・アドレスを設定しているためである。ポケベルとは異なり，「適当にアドレスを入れる」ことでは，誰にもメッセージが届かないのだ。このメル友を持つ若者——ただし，後述する「出会い系」の利用者同様，少数派である——について，Habuchi (2005) は，自己に対する不安や自身の関心が人とは異なるというマイノリティ意識をもっており，地縁や血縁をもとにした人間関係を超えた，より幅広い出会いの機会を求めたと分析している。

もう一つケータイやインターネット関連の「匿名の人間関係」として注目を集めているのが,「出会い系」——主に男女の出会いの場を提供するインターネット・サイト——である。この「出会い系」が悪評高いのは,そこで知り合い,犯罪に巻き込まれたとの報道が続いたためである。そもそも,「匿名の人間関係」にネガティブなイメージが強いのは,テレクラ以降,それをきっかけとした犯罪がいくつも報道され,その危険性が強調されてきたからである。性風俗のイメージも強く,教育者や警察官向けの業界誌などでは,問題行動・逸脱行動としての出会い系サイトの利用とその対策といったテーマが盛んに論じられている。

ただし,2002年の調査によれば,出会い系サイトを見たことがあるのは,15歳から19歳までの男子で36.8％,女子で29.6％である。利用したことがあるのは,同年齢の男子で12.6％,女子は7.4％にすぎない(図2)。この数字を多いと見るか,少ないと見るかは議論の余地がある

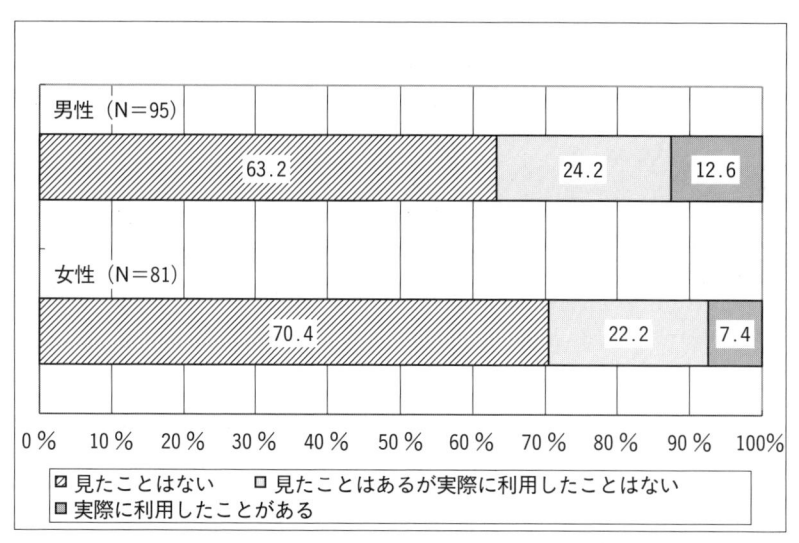

図2　出会い系サイトの利用（15-19歳）
出典：内閣府大臣官房政府広報室「児童の性的搾取に関する世論調査」
http://www8.cao.go.jp/survey/h14/jido-sakushu/

が，少なくとも，Kato（2005）が紹介するように，対面コミュニケーションの関係を至上のものとする価値観は，「ケータイ依存」と言われる若者たちにも根強く，メディアを介したコミュニケーションや「匿名の人間関係」は「本物でない」ととらえる若者たちの方が多数派である。

「友だちの紹介」という形のつながりかたは，別の展開も見せている。日本では2004年に登場し，主にPC上で利用者を増やしているものにSNS（ソーシャル・ネットワーキング・サービス）がある。このサービスの基本は，参加するためには，すでに会員となっている人からの紹介を要する点だ。このため，既存の人間関係をベースとした「信頼のネットワーク」をインターネット上で展開することが目標とされているサービスだとされる。このような場で交わされるのは，個人対個人の一対一のコミュニケーションではなく，ある人の友だちを中心としたグループ・コミュニケーションである。

ケータイでの通話やメールが限られた親しい関係性において利用される傾向が強いことはすでに指摘されてきた（Matsuda, 2005）。ただし，通話やメールでは，あくまで個別につながらざるを得なかった。しかし，SNSではこのような「内輪」のコミュニケーションを集団で行うことができる。現状では，ケータイを中心としたSNSは利用者が伸び悩んでいるものの，PC上で展開するSNSは，ケータイからの利用が可能となっている。いつでも，どこでも，自らの「友だちの輪」とつながり，「内輪」コミュニケーションを集団で行うことができるのである。

ケータイは個人専用のものとなることにより，「いつでも，どこでも，誰とでも」つながる状態をもたらした。さらに，メールを含めたインターネット機能を備えることで，「音声だけの一対一のコミュニケーション」から，文字コミュニケーションや次節で触れる映像（静止画・動画）のコミュニケーション，あるいは，インターネット上のサイトを利用することでの複数の参加者によるコミュニケーションなど，さまざまな様態のコミュニケーションを可能とした。では，そういったケータイの機能的変化——マルチメディア化——は，他にどのようなモバイルコミュニケーショ

ンをもたらしているのか。

3. 多様化するモバイルコミュニケーション

3.1. 情報娯楽系（インフォテイメント）

　まず，情報娯楽系のモバイルコミュニケーションをみてみよう。

　モバイル・コミュニケーション研究会（2002）の全国調査によれば，情報サイト種類別の利用率は「着メロダウンロード・サイト」がトップで67.7％，続いて「待ち受け画面サイト」の35.0％と端末のカスタマイズに関わるサービスが高い。つまり，ケータイからのインターネット利用の中心は，「ポケベルやケータイにプリクラを貼る」「ストラップをジャラジャラつける」といった端末をカスタマイズする行為の延長上にある。

　ただし，着メロや待ち受け画面のダウンロード・サービスは別の方向へ展開している。着メロは，当初，単音のメロディであったが，「呼び出し」という機能には「不必要な」128和音にまで音色を増やし，そのままの楽曲を一部利用する「着うた」（au）を経て，2004年11月からはケータイに楽曲を丸ごと配信するサービスが登場した。折しも，インターネットはP2Pファイル交換ソフトを利用した楽曲の「不法交換」の場として問題になる一方で，楽曲の新たな流通購買経路となることが目指されていた。アメリカではアップルコンピュータにより2003年4月に音楽配信サービスが始まり，日本でもケータイ出費で若年層の音楽関連出費が減ったと言われる中，ネット音楽配信の可能性が模索されている。データのダウンロードが容易なケータイは，モバイル・オーディオ・プレイヤーとの間でどのような棲み分けがなされることになるのか，関心を集めている。

　一方，ケータイの待ち受け画面は既製のもののダウンロードが減り，カメラ機能で自ら撮影したものを利用する傾向が増加している。ケータイとカメラの「相性」がよいのは，1990年代からの若年層における写真ブーム（レンズ付きフィルム，プリクラなど）が一つの要因であるが，カメラ付きケータイは2000年11月に登場以降，新機種に標準装備されることで

普及が進み，2005年3月には携帯電話契約数の76.3％（6,637万）がカメラ付きとなっている．およそ2人に1人が常にカメラを持ち歩いている状態であり，自ら撮って楽しむだけでなく，メールに添付して送る利用も一般化している．さらには，動画カメラも第三世代ケータイのサービス開始以降展開しており，ケータイはデジタルカメラやデジタルビデオの機能を併せもつものとなっている．

　オーディオ・ビジュアル・メディアとしてのケータイの現状と可能性は，二つの方向でとらえられるであろう．その一つの方向性は，多様なコンテンツを利用する端末としてである．ゲーム機としてのケータイの利用は2001年1月のJava機能搭載以降広がっており，利用者も比較的多い（総務省編，2005）．ケータイでの「読書」も増加中である．カメラ付きケータイの普及を受けて，2002年以降QRコード（二次元バーコード）の読み取りが可能な端末が発売されたことで，ケータイでの入力が面倒であったURLの読み取り──QRコードを雑誌広告などでよく見かけるのはこのためだ──や，住所と地図を対応させるサービスなどが登場し，よりインターネット上のコンテンツがケータイから利用しやすくなっている．広告媒体としての可能性も追求されているのだ．また，非常時メディアとしてのラジオを受信する端末として，地上波デジタル化を受けてテレビ受像機としての可能性も期待されている（2006年4月にはワンセグ放送が開始予定である）．

　もう一つの方向性は，多様な情報発信手段としてである．メールに添付して送る静止画だけでなく，動画メール（＝テレビ電話）の利用も徐々に増えてきている．インターネットでのブログの流行を受け，カメラ付きケータイを利用した写真付きのモブログ（ケータイを用いて更新するブログ）作成も増えている．今後，個人がケータイで撮影した写真がインターネットを通じて，広く伝播する可能性もあるだろう．

3.2. 消費行動系

　次に，消費行動系のモバイルコミュニケーションを取り上げてみよう．

まずは，ネットショッピングだ。PCとの比較でケータイからのネットショッピングの特徴をみると，雑誌・新聞などのほかのメディアと連動した販売や移動中での購入が多く，利用者には若い女性が多いという（総務省編，2005）。これは，いつでもどこでも利用できるというケータイのメディア特性と，その中心となる利用者を反映していると考えることができよう（ただし，この調査はウェブ上で行われたものである）。先に紹介したラジオ搭載のケータイも，FM聴取中に気に入った音楽を「着うた」購入するといった利用が人気を集めている。

　さらに，2004年7月以降，ケータイにFeliCaと呼ばれる非接触ICカード技術が搭載され始めた。これにより，ケータイを「かざすだけ」で各種サービスが利用可能となった。たとえば，コンビニなどでの電子マネーとしての利用や，アミューズメントパークや小売店の会員証代わり，イベントのチケットや航空機チケットとして，さらには，会社や家のカギにまでと，その利用範囲は広がっている。FeliCaは，そもそもJRの「Suica」「ICOCA」などで利用が広がった技術であり，2006年1月にはケータイそのものがJRの乗車券として利用可能となった。

　人びとが移動しながら利用するケータイは，ほかにも交通機関との提携が図られている。たとえば，2001年9月から関東や関西の私鉄で始まっているのが，グーパスというサービスである。これは，定期券で自動改札機を通過した際に，利用者の嗜好や行動パターンにあわせた行き先周辺の情報を，自動改札機と連動してその人のケータイにメール配信するサービスである。いずれ定期券自体が不要となり，ケータイをかざして自動改札機を出ると，そのケータイに周辺の情報がメール配信される形となろう。

　ケータイ一つで買い物も交通機関利用も，情報入手もさまざまな場所への入場も可能となる。この便利さは，ケータイ一つに個人情報が集積されることにより可能となるのだが，個人情報については，個人の位置情報──いつ，どこにいるのか──が把握できることもケータイの大きな特徴だ。

3.3. 監視管理系

　個人とともに移動するケータイは，その持ち主を監視するための道具として利用されてきた経緯がある。1990年代初めまでポケベル，そして，ケータイは「会社からの鎖」として持たされるものであった。その後，多くの人が所持するようになると，ケータイは「ソフトな監視手段」へと変容を遂げてきた。

　ケータイを利用した位置情報サービスは1998年頃から次々に登場している。なかでも，1995年にサービスを開始したPHSは個々の基地局のカバー範囲が携帯電話より狭いことを利用し，位置情報サービスに力を入れた。半径100メートルほどの誤差で位置情報を提供するPHSは，まずは子どもの安全確保のために，次に，徘徊老人のために商品化された。その後，携帯電話とGPS（全地球測位システム）機能を組み合わせた位置情報提供サービスが登場し，これらと合わせる形で，携帯電話のボタンを押せば最寄りのタクシーが現場に急行するサービスなども登場している。

　なかでも，1990年代後半以降の「体感治安」の悪化を受け，小学就学児童の安全確保を目的としたサービスの広がりが急速である。子どもにケータイを持たせるだけでなく，たとえば，ICタグを持った子どもが，塾教室や学校の出入り口に設置したICタグ読み取り用のリーダーにタグをかざすと，あらかじめサーバーに登録してある保護者のメール・アドレスに登下校時刻やその他連絡事項を配信するサービスがある（大日本印刷HP，「News　Release 2003年11月18日」，http://www.dnp.co.jp/jis/news/2003/20031118.html）。いつでもどこでも利用できるケータイは監視する側にとっても便利である。防犯カメラを設置する保育園や幼稚園，学校が増えるなか，インターネットやケータイ経由の映像を通じて，保護者が子どもの様子を確認できるシステムの人気を集めているという（安全対策サービス，学校向け需要拡大，日経産業新聞，2002年1月11日16面）。これらは直接的には子どもの安全確保にはつながらないにもかかわらずである。

　このような監視は，「相手の安全確保のため」に行われるとされ，通常，

「監視」とは見なされない。相手に対する「配慮」から最新のテクノロジーを利用したまでであり，電子的な「見守り」であると。しかし，「監視される側」——多くは，子どもや高齢者——は決まっており，しかも，「配慮」であるがゆえに監視を拒否できない。さらに，電子的な監視では，「見守る側」と「見守られる側」が入れ替わることがなく，同じ空間にいる場合のような相互性のない一方的な監視となっている。「会社からの鎖」と大きな違いはない。

4. おわりに

　この章では，パーソナル・コミュニケーション・メディアとしてのケータイの展開と現状について見た上で，現在，ケータイが「対個人」コミュニケーションからコンピュータを用いたあらゆるコミュニケーションへとその活用範囲を広げているようすを概観してきた。

　マルチメディア化により，個人専用メディアであるケータイでは，さまざまな様態——音声のみから文字，画像，映像へ——のコミュニケーションが可能となったが，同時に，その他の多様な個人の情報収集，処理，発信活動も同じ一つの端末で可能となったのである。デジタル化やインターネットの普及など近年の情報技術の変化により，従来までのパーソナル・メディアとマス・メディアの垣根が急速になくなりつつあると言われている。それを現在のところ，もっともわかりやすく，身近なメディアで展開しているのが，ケータイのモバイルコミュニケーションなのである。

第3章

関係の中の電話／
電話の中の関係

1. はじめに

　電話の会話は，かけ手と受け手の関係の中に埋め込まれている。私が先ほどかけた電話は，（かけ手である）私と受け手が同じ大学の勤務員であるという関係に埋め込まれている。また，昨日かかってきた電話は，かけ手と（受け手である）私が母と子という関係にあるがゆえにかけられてきた。電話の会話は，当然，私たちの全生活の中のひとこま以上のものではなく，それは私たちが様々な人びとと取り結んでいる関係の中にある。一方，電話を取り囲む2人の（かけ手と受け手の）関係は，電話の理由の一部を構成する。言いかえれば，電話の用件は，かけ手と受け手の関係に基づいている。母の電話の用件は，1週間後の夕方に来てほしいという依頼だったが，その依頼は，彼女が私の母であるという事実に基づいている。大学への電話は，会議用の部屋を手配してもらうためだったが，その依頼は，私たちが同じ職場の勤務員であることに基づいている。電話の会話を取り囲む，かけ手と受け手の関係は，電話の会話の合理性の根拠になっている。以下，この点を敷衍していこう。

　次のように言いたくなる向きもあろう。電話は個々人の生活の様々な局面と関係していて，その影響を受けている。だから，電話の会話の短い断片をいくら丁寧に見ても，結局，そこで何が起きているかをすべて記述し

つくすことはできない，と。このこと自体に，間違いはない。ただ，「影響を受けている」という言い方，および「すべて記述しつくすことはできない」という言い方にだけ注意を促したい。例えば，気分がいい時と，（家族と口論をした後など）不機嫌な時とでは，電話での口調も当然変わってくる。（家族との口論など）電話の外での出来事は，もちろん，電話の会話だけを見ていても，（それが語られない限り）わからない。しかし，一方，見えることもたくさんある。次の点に注意するべきだ。たとえどんなに塞ぎこんでいたとしても，電話の会話が会話として成立するために，その人は発話を合理的に，すなわち相手がきちんと理解できるように組立てなければならない（さもなければ，その人は「社会生活を営む能力のない人」とみなされるに違いない）。発話を合理的に（理解可能なやり方で）組立てるためには，その発話が向けられる相手に合ったやり方をとらなければならない。名乗り方からして，そうだ。母親には「仰だけど」と名前のほうを用いて名乗るかもしれないが，職場に会議室の手配のために電話をするときそんな名乗り方をすれば，おそらく誰だかわからないだけでなく，何がなされているのかも，理解不可能であるに違いない。電話の会話を取り囲む，かけ手と受け手の関係は，電話の会話においていつも参照されている。電話の外の関係は，電話の会話の合理性の根拠として動員されている限り，電話の中の様々な局面において透けて見えるはずだ。もちろん，電話の会話からかけ手と受け手の関係を推理するなどというようなことを，この小論で目論んでいるわけではない。問題はあくまでも次の点にある。発話の合理性のために，両者の関係がどう参照されているのか。以下，電話の会話の具体的な断片を検討することにより，この問いに答えることを試みたい。

2. 用件の終了／電話の終了

　本章で取り上げるのは，2人の男子学生による15分ほどの固定電話の会話である（私はこれを「TB」と呼んでいる）。かけ手が待ち合わせ場

所の変更を求めるために，受け手に電話をかけてきた。［データ１］は，落ち合う時間と場所が最終的に取り決められているところから始まる。

［データ１］（TB 06:36-07:15）
01　かけ手：　あの辺に:，(.hh)12時?
02　　　　　　(0.4)
03　受け手：　うん:.
04　かけ手：　じゃあ（あの辺）12時で.
05　受け手：　あい.
06　かけ手：　オッケー?
07　受け手：　オッケー.=
08　かけ手：　=まあそういうことです.
09　　　　　　(.)
10　受け手：　はい
11　かけ手：　ん::ん. まあ そんだけ.
12　受け手：　ん::ん.
13　かけ手：　あい じゃあ そういうことで.
14　受け手：　あ: もう切っちゃうの?=
15　かけ手：　= ehehehhh うん:. いや h .hh ehehe
16　　　　　　はあ:. ええ. 何かありますか.
17　受け手：　あ いや:: な［んか こ-］あ:の::: まえ=
18　かけ手：　　　　　　　［.hhhhh　］
19　受け手：　=あの 掲示板に hh［.h hh ］何か載っけ=
20　かけ手：　　　　　　　　　［ん::ん］
21　受け手：　=てみたい［（でしょう）
22　かけ手：　　　　　　［あ:: 載っけた.

01-05行目までに，「あの辺に12時」に落ち合うことが取り決められた。06-12行目は後で少し立ち返ろう。まずは，13行目以降のやりとり，

とくに14行目の受け手の発話（「あ: もう切っちゃうの?」）に注目したい。ここで受け手は何を行なっているのか。この発話は，形式上は質問である。だが，これは単なる質問だろうか。この質問のなされた位置を考えてみよう。13行目でかけ手が「あい じゃあ そういうことで」と言った後，受け手は「じゃあ」と言って電話を切ることもできただろう。つまり，13行目の（かけ手の）発話は，私たちが会話の，あるいは出会いの最後に交わす，会話を終了するためのやりとりを開始している。たとえば，一方が「バイバイ」と言った後，もう一方も「バイバイ」と言うならば，出会いを終了するためのやりとりは終了し，それとともに出会いそのものも終了する。もちろん，「バイバイ」の代わりに，「じゃあ，明日」と「じゃあ」でもよい。13行目のかけ手の発話は，この最初の「バイバイ」もしくは「じゃあ，明日」と同等の働きをしている。だから，14行目の「もう切っちゃうの?」という質問は，答えがすでに明らかな状況で，すなわちかけ手がいま電話を切ろうとしていることが明らかなところで，発せられている。であるならば，かけ手が電話を切るつもりかどうかを，受け手は知りたいわけではないはずだ（実際，かけ手がこの問いに「うん」とだけ答えるとは考えにくい）。

　明らかに電話を切ろうとしている相手に対して，切ろうとしているかをあえて聞くことは，その行為（電話を切ること）への挑戦（もしくは非難）であるに違いない。授業中，教室の出口に向かう学生に「出て行くの?」と問いかけるのと同じである。だから，その質問は，電話の継続を促しているように聞こえる。この分析は私の勝手な解釈でない。続く15-16行目のかけ手の発話から，かけ手自身が受け手の質問をそう捉えているのがわかる。16行目末尾の「何かありますか」という質問は，電話で話すべきことが他にあるかどうか，聞いている。つまり，電話を継続する必要があるかどうか，聞いている。もし14行目の受け手の質問を，単なる質問として捉えていたならば，「うん」とだけ答えればよいので（実際，かけ手は15行目でまず「うん」と答えているのだが），さらに話すべきことがあるかなど聞き返す必要はないだろう。その限りで，この（16行目

の）かけ手の質問は，受け手からの挑戦に対する，自分が電話を切ろうとしたことの正当化（もう話すべきことが自分では思いつかないがゆえにいま切ろうとしたという正当化）とも聞こえる。

　さて，次に問うべきことは，受け手がここで，電話を切ることへの挑戦を行なったのはなぜか，である。この挑戦には合理的な理由があるだろうか。すでに述べたように，この電話には，特定の用件（待合せ場所の変更の依頼）があった。［データ1］の05行目は，実際に落ち合う時間と場所が取り決められたところであり，この用件に関するやりとりが終わったとみなせる場所（用件の可能な終了点）である。用件のある電話の場合，その用件に関するやりとりの可能な終了点は，電話そのものが終わってもよい場所（電話の可能な終了点）でもある。だから，その後かけ手が電話を切ろうとするのは，きわめて適切である。にもかかわらず，それにあえて挑戦するには，特別な理由が要るはずだ。

　一方，この16行目の問い（「何かありますか」）に対して，受け手は「あ いや∷」（17行目）と，まずは否定的に答えている。つまり，とくに今話さなければならないこと（すなわち他の用件）は，とくにないと言っているように聞こえる。だとすれば，受け手は，とくに用もないのに，かけ手が電話を切ろうとするのに挑戦したことになる。それだけではない。06行目以降，13行目にいたるまで，かけ手のほうの振舞いもきわめて特徴的だ。04行目のかけ手の発話（「じゃあ（あの辺）12時で」）の組立てに立ち返ってみよう。冒頭の「じゃあ」は，ここでは，これまでの「まとめ」を行なおうとしていることを際立たせている。「まとめ」として述べられることは，彼らの（この電話が切られた後の）次の出会いのための場所と時間を，（01行目と03行目の確認のやりとりを受けて）かけ手の側からはっきり再度確認することである。このような確認は，電話（かけ手が作り出したこの出会い）の次の出会いの確認であるがゆえに，電話そのものの終了への提案にもなっている。そのとき，05行目の受け手の「あい」は，この終了への提案の受け入れでもあるだろう。実際，私の素朴な直観に従えば，05行目の後，かけ手は，直ちに13行目で行なったこと

（出会いの終了の開始）を行なってもよかった。しかし，実際には，かけ手は「オッケー?」と確認を再度求める。その後，終了を開始できる場所が，07行目の後および10行目の後にも用意されるが，実際の終了の開始は13行目まで遅延される。また受け手の側について，次の点にも注意するべきだ。電話の用件に関するやりとりの可能な終了点の後，05行目，07行目，10行目，12行目は，もし受け手のほうで何か話すべきことがあるならば，それを話す機会として利用可能な場所である。しかし，受け手はこれらの機会をあえて利用していない（もしくは，あえてやり過ごしている）。こうして13行目以降のやりとりにいたる。ここに，次のような奇妙な捻れが生じている。

　一方で，かけ手は終了の開始を十分遅延している。言いかえれば，かけ手は，受け手が新たな話題（トピック）を導入する機会を十分多く与えている。つまり，かけ手も，自分の用件の後にその用件とは無関係な話題が導入される可能性への配慮を公然化している。他方で，受け手は，それらの機会をすべてやり過ごしている。最終的に，かけ手は，電話の終了を開始するが，しかしそのとき，すでに見たように，受け手はそれに抵抗する。もちろん，かけ手にしてみれば，すでに新たな話題の導入の機会を受け手に十分与えた後であるだけに，その抵抗・挑戦に対して終了開始の正当性を主張する。これが，［データ1］で起きていることにほかならない。

　ところで，かけ手も受け手も，電話の用件が終わった後，新たな話題の導入の可能性に一定の配慮を示していた。このことの合理性は，端的に，両者の関係，つまり友人同士という関係によって与えられているように思う。この2人の電話は，二つの規範的期待に取り囲まれている。一つは，電話に関する規範的期待である。電話は，かけ手が自らの都合で開始する出会いであるせいか，基本的に，用件なしにはかけるべきでないものらしい。というのも，私たちは用件のない電話をかけるとき，「とくに用件はないけれど」と用件のないことを，あえて際立たせなければならないからだ（逆に，「用があるんだけど」と用件のあることが際立たされるならば，それは下手な冗談でしかないだろう）。しかも，電話と用件が一対一対応

するというのが，つまり電話の用件は一つというのが，電話の「基本設定」のようである。というのも，私たちは，電話の用件が複数あるとき，「二つ話があるんだけど」とそのことを際立たせなければならないからだ（逆に「用は一つなんだけど」などと，かけ手が言うことはあまり考えられない）。もう一つの規範的期待。それは，友人同士とは，用件がなくても電話をかけ合うことのできる関係だ，という期待である。もし仲のよい友人が用件だけ終えてさっさと電話を切ってしまうならば，その者は相手から「水臭い」と非難されるかもしれない。［データ１］の14行目で受け手が「もう切っちゃうの」と挑戦的に振舞うのは，この友人関係に関する規範的な期待に基づくものであるに違いない。一方で，かけ手が用件の終了後，電話を終了に持ち込むこと，また他方で，終了開始の遅延，および終了への抵抗は，この二つの（相反する）規範的期待への配慮に支えられている。

　こうして，17行目で受け手に発話順番が戻ってきたとき，受け手は，とくに話すべきことがなくても，まずは相手への関心を実演的に示しうる話題を提示することになる。この振舞いはきわめて合理的である。17-21行目における受け手の発話（「なんか まえ あの掲示板に何か載っけてたみたいでしょう」）の組立てに注意しよう。第１に，受け手は，かけ手が以前に行なったこと（すなわち掲示板への書込み）に気づいていたこと，そしてそれを今でもちゃんと覚えていることを，ここで主張している。それだけではない。第２に，「まえ」と言っている以上，それは昨日や一昨日のことではないだろう。その一方で，かけ手は22行目（「あ：：載っけた」）で，どの書込みのことを受け手が言っているのか，すぐわかったことを主張している。つまり，この書込みは以前のいくつかある書込みのうちの，たまたま受け手の目に留まったものではない。受け手は，その書込みがかけ手の最も新しい書込みであることを知っている。言いかえれば，今日にいたるまで，それ以降かけ手の書込みがないことを知っているという主張，すなわち，十分頻繁にかけ手の書込みをチェックしているという主張が，17-21行目の受け手の発話に組み込まれている。このように，受

け手は，とくに用はないけれどと断りつつ（「いや::」），かけ手への関心だけを示すような話題を持ち出している。

3. トラブルに対する助言／助言のトラブル

さて，次に注目したいのは，この掲示板の話題の後の展開である。次の断片（[データ2]）の01行目で言及されている「投票」は，例の掲示板における何かの投票である。受け手（須藤）は，掲示版の書込みを見たと言っていた。その後その内容，すなわち投票すればよかったと書かれていたことに言及し，自分も投票できなかったと述べる。[データ2]は，その直後のやりとりである。

[データ2]（TB: 07:27-08:09)
```
01  かけ手：  まあでも須藤- いままで投票したことないでしょ
02           べつに．
03  受け手：  まあね::．
04  かけ手：  まあその う[ん. h-
05  受け手：         [そう おいらじつは今日は風邪ひいて
06           家でくたばってたんだな:: あ[h は h は h は::
07  かけ手：                          [え
08  かけ手：  あ，そうなの?
09  受け手：  そうな[の．
10  かけ手：       [.hh (0.4) <あれまあそう>．
11  受け手：  うん．
12  かけ手：  そりゃよくないね．
13  受け手：  でしょ[う．
14  かけ手：       [.hh (0.8) くすりはのんだかい?
15  受け手：  ううん:, のんでないけど もうたぶん大丈夫,
16  かけ手：  いや，でもかぜ薬のんで一晩寝るってのが俺に
```

```
17                とっちゃ一番いいな::[:
18      受け手:                [うん:. てゆか 昨日-
19                m- めちゃくちゃ頭痛くて[ね:,
20      かけ手:                      [ほんとう.
21      受け手: やば::::とか思ってたら今日ほんとに
22                だめだ[った.
23      かけ手:       [ほう::ん.
```

　細かい分析は省くが，01-03 行目の後は，受け手が持ち出した「掲示板」の話題が終了してもよい場所（話題の可能な終了点）になっている。しかし，かけ手は，04 行目で「まあその」と言いながら，同じ（「掲示板」の）話題をさらに展開しようとする。受け手は（05 行目で），それを遮りながら，まったく新たな話題を導入する。「今日は風邪をひいて家でくたばってた」という報告は，相手への関心を示すものとはほど遠い。にもかかわらず，この報告がここでなされるには，やはり合理的な理由がある。順次述べていこう。

　この報告が自分のトラブルに関する報告であることに注意しよう。私には，友人関係，とくに親友関係にまつわるもう一つの規範的な期待がここに働いているように思える。それは，もし自分が（一定程度）大きなトラブルに出会ったならば，親友には，そのトラブルが報告できる最初の機会に報告するべきだという規範である。もしその最初の機会に報告しなかったらどういうことが起こりうるだろうか。何かの機会に私は他の友人に自分のトラブルについて話すかもしれない。そうすると，その友人が，かの親友に何かの機会に，私のトラブルについて話すかもしれない。そうなると，その親友はどう思うだろうか。なぜあの時そのことを自分に話してくれなかったのだろうか，と思うに違いない。自分と私の関係はその程度のものだったのか，と。［データ 2］の受け手が 05-06 行目で報告するのは，「今日」のトラブルで，しかも「くたばってた」というほどのトラブルである。このトラブルは，受け手とかけ手が（一定程度以上に）仲のよい友

人同士であるかぎり，他ならぬこの電話（トラブル後の最初の出会い）で報告されなければならなかった。

　この友人関係をめぐる規範的期待との関係で，受け手のトラブルの報告以降の展開は，興味深い。トラブルの報告の後，その聞き手（かけ手）は，まずその報告を受け止め（08行目，10行目），その報告（トラブル）について評価を行なう（「よくない」12行目）。続く14行目では，「薬はのんだか」聞く。この14行目の質問が単なる質問ではないことは，直後の（15行目の）受け手の発話の組立てからわかる。受け手は，「ううん，のんでない」と質問に否定的に答えるとともに，すぐに「もう大丈夫」と述べている。つまり，受け手は，かけ手の「薬はのんだかい」という質問を，もしのんでいないならのんだほうがよいという助言として受け止め（そうでなければ，「のんでない」と答えるだけでよかっただろう），その上で，その助言を拒絶している。それに対して，16行目では，今度はかけ手が「いや」と相手の発言をまず否定し，「でも」と，相手の発言に反することを語ろうとしていることを際立たせる。つまり，自分にとっては薬をのんで一晩寝るのが一番よいという，16-17行目のかけ手の発言は，たしかに，自分の経験の報告という形式をとっているものの，実際には，自分の助言の拒絶に対して，再度，自分の助言の正当性を主張している。それに対して，17行目で受け手は，いったん，「うん」ととりあえず同意するものの，すぐに「てゆうか」と言って，その次に来るのが相手に対する非同意であることを際立たせる。18-22行目で受け手は，昨日めちゃくちゃ頭が痛くて，今日はほんとうにだめだったと語る。この発言には二つの主張が含まれているように思う。一つは，すでに最も酷い状態は過ぎ去り，いま薬をのむことは意味がないという主張。酷い状態が昨日から今日にかけての，過去のこととして語られることにより，いま電話で話せていること自体，「もう大丈夫」であることの実演として理解可能となる。もう一つは，そもそも自分のトラブルの報告は，助言を求めることなどではなかったという主張。この二つ目の点について，さらに少し敷衍しておこう。

一つの一般的な問題は，なぜその時そこでトラブルが報告されるのか，である。例えば電話相談の場合，出会い（電話）の冒頭においてトラブルが報告されるならば，その報告は，単なる報告ではなく，むしろ助言を求めるという行為でもあるだろう。実際，トラブルの報告の受け手（アドバイザー）は，その報告の後，何らかの助言を与えるべきである。一方，例えば友人同士の間でトラブルが報告される場合は，必ずしも助言が求められるわけではない。身内に不幸があったとき，友人にそのことを報告するだろう。この報告は，しかし，いかなる助言をも求めていない。この報告の後にふさわしい（その報告の受け手の）振舞いは，むしろ慰めることであり励ますことである。しかも，このようなトラブルの報告は，それだけで電話の用件になることはない（私たちは，助言を求めるために電話をかけることがあるにしても，直接自分の親を知らない友人に，わざわざ親の死を報告するために電話をすることはあまりない）。だから，助言を求めな○い○トラブルの報告は，しばしば用件が終わった後，つまり最初の話題の後になされることが多いだろう。実際，上に見た［データ2］における受け手のトラブルの報告は，そのような位置にある。それだけでない。慰めをふさわしくするようなトラブルの報告の後，助言が与えられるならば，それは，報告されたトラブルを格○下○げ○することになりかねない。なぜなら，助言は次のことを含意するからだ。すなわち，トラブルが解決可能であること，そして報告者はその可能な解決に思いいたらないまま，当該事態を「トラブル」と捉えているということを。［データ2］における，かけ手の助言への受け手による抵抗は，自分のトラブルを，まさに友人として○（つまり，自分より知識のある何者かとしてではなく）受け止めてもらうこと，このことを促す振舞いに違いない。

　以上見てきたように，電話における発話の合理性は，電話を取り巻く関係に依存している。終了開始の遅延，終了への抵抗，トラブルの報告，助言への抵抗，これらの，行為としての合理性は，彼ら（かけ手と受け手）自身が，自分たちの関係をどう理解しているかに，決定的に依存している。そして，こ○の○電話の中での彼らの振舞いに，こ○れ○以降の彼らの関係は

決定的に依存している。もし受け手のトラブル報告の機会がないまま，この電話が終わってしまったら，もし同じようなことが続いて起こったならば……。

　この電話が録音された数年後，この録音を私のデータベースに加えることの承諾をあらためて得るため，2人にコンタクトを試みた。もちろん，両者から快諾をいただいた。その中で，そのとき2人はまだ友人同士であることもわかった。もちろん，「よかった」と言うべきかは，2人の問題だ。

第4章

名乗りのない名乗り
—— 携帯電話における会話の始まり

1. 携帯電話使用における三つの特徴

　まず，携帯電話を使用するときに出てくる，固定電話を使用する場合とは異なった特徴から考えてみたい。そこには，どんな論点がありえるだろうか。第1に，固定電話が家に所属しているのに対して，携帯電話は個人に所属しているということが挙げられる。これを，携帯電話の「個人性」と呼ぶことにする。

　固定電話は，家に備え付けられているものである。この備え付けられているという言い方からすると，その固定電話は，その家に住んでいるそれぞれの人たちが，みんなで所有しているものというよりは，その人たちが住んでいる「家のもの」として取り扱われていると考えられる。たとえ一人で住んでいて，電話に出る人が住んでいる当の本人に限られている場合でも，やはり固定電話は「家のもの」だという感じがする。それはやはり「家の電話」であり，電話のかけ手は「○○さんのお宅ですか？」という言い方をすることができるのである。

　一方，携帯電話はどうだろうか。携帯電話に電話をすると，その携帯電話を所有する人にダイレクトにつながる。その人が他の人と一緒に住んでいても，それは変わらない。誰かと同居している場合でさえ，他の人の所有する携帯電話が鳴った時に代わりに出るということは，日本では考えが

たい。携帯電話は，誰かと同居していても一人で住んでいても，家に所属しているのではなく，まさに個人に所属しているのである。

これと関連した携帯同士の会話に限られる特徴として，第2に，かけ手が受け手を誰であるか特定でき，また受け手もかけ手が誰であるのかを特定できるということがある。これを「受け手とかけ手の特定性」と呼ぶことにしよう。まず，携帯電話が個人に所有されているということは，受け手が誰であるのかを，電話をかける前に予測できるということを意味する。私たちは誰が出るのかをわかった上で，携帯電話に電話をするのである。

この点は，一人暮らしの「家の電話」でも同じであるが，受け手の方でも，かけ手を特定できるというのが，携帯電話に特有である。この「受け手とかけ手の特定性」に貢献しているのは，携帯電話の電話番号通知システムである。その使用方法としては，アドレス帳の機能もかねて個人名を登録しておくのが一般的である。登録をすると，誰にかけているのか，また誰からかかってきたものなのかが，直接ディスプレイに表示される。つまり，個人情報を登録することによって，かけ手は間違うことなくかけたい相手に電話をかけることができるし，受け手の方でもディスプレイを見ることで，かけ手が誰であるのかを特定できる。もちろん，ディスプレイに表示がされない固定電話であっても，深夜に恋人からかかってくる電話のような，呼び出し音が鳴った時点で，誰がかけ手なのかを特定できる電話もある。しかしそれには，目で見て確認できることによる確かさは欠けている。

これが第3の論点としてあげられる，携帯電話では「受け手とかけ手の特定性」を非常に信頼できるということだ。これを「特定性に対する信頼」と呼ぶことにしよう。電話番号，名前などの個人情報を携帯電話に登録しているなら，先に述べたように，かけ間違いというものがなくなる。登録されている人物を選択してボタンを押すだけで，自動的に電話をかけることができるからである。もちろん，遊んでいたりふざけたりしていて，あるいはやむをえず，共通の友人などの第三者が携帯電話に出るとい

う状況もありえる。しかし，そのような状況においては，かけ手は予期しなかった話者が受け手であったことに，驚くことになる。逆の場合でも同じことが起きる。ディスプレイに表示された人が誰かをわかって電話に出たはずなのに，もし違う人がかけ手であったら，私たちは当惑するに違いない。

　では，以上のような「個人性」「受け手とかけ手の特定性」「特定性に対する信頼」という特徴があることと関連して，携帯電話での会話はどのような形態になっているのだろうか。それを会話分析の手法を用いて示していこうというのが，この章の目的である。その際には，会話が通話の目的である話題（トピック）に入っていくまでの，電話の開始部分に焦点を当てる。まず第2節では，携帯電話での会話の開始部分で，どのような会話がなされているのかを見ていく。そこから見出されるのは，かけ手も受け手も名乗らない会話形態が，典型だということである。第3節では，しかしそうではあっても，かけ手と受け手がお互いに誰かを示しあい確認をする，相互認識の過程がなくなっているわけではないことを確認していく。携帯電話における相互認識の作業は，「個人性」「受け手とかけ手の特定性」「特定性に対する信頼」があっても，簡略化されてはいるものの，なおなされているのである。第4節では，その簡略化のされ方の一つである，「かけ手と受け手が互いに名乗らない代わりに，かけ手が受け手の名前を呼ぶことで呼びかけをするケース」が，家族で交わされる固定電話における会話形態と，非常に似通っていることを示していく。それによって明らかになるのは，親しい間柄であることを示しあう形で，相互認識の過程の簡略化がなされることもあるということである。最後に第5節では，そのようにして話者同士の親しさが示される方法のうち，それでも携帯電話に特有だと思われる，いくつかの方法を見ていくことにしたい。

2. 携帯電話での会話の開始部分

2.1. もしもし＋名前を呼ぶことによる呼びかけ

［データ１］（S 1）
((呼び出し音))
01　受け手：　はい．
02　かけ手：　もしもしアッケ:?
03　　　　　　(.)
04　受け手：　うん．=
05　かけ手：　=あの:オレこの機械の使い方がいまいちわかんないん
06　　　　　　だけど．

　最初の順番（01行目）で「はい」と言っているのは，携帯電話にかかってきた電話の受け手である．これには，序にも書かれているように，電話の呼び出し音が呼びかけであり，最初の順番はそれに対する受け手による応答だという有名な説明が当てはまる（Schegloff, 1972, 2002, 西阪, 2004）．次に2番目の順番（02行目）では，かけ手が「もしもし」に続けて受け手の名前を呼び，形式的には「確認の求め」をすることで，受け手に対する呼びかけをしている．3番目の順番（04行目）では，受け手が「うん」と形式的には「確認の求め」に対する「確認の与え」をすることで，呼びかけに対する応答をしている．最後に4番目の順番（05〜06行目）で，かけ手がその応答を受けトラブルの報告をすることで，話題に入っている．
　電話に出て，最初に「はい」と言うのは，「もしもし」と言うのと同様に一般的な応答の仕方である．この応答は，チャンネルが開いていることを述べているのと同時に，受け手が誰であるかを声で示す「声標本」になる（Schegloff, 1979, 西阪, 2004）．電話は，遠隔にいる人と話すための

ツールであり、相手が見えないため、お互いが誰であるのかを声によって確認する必要がある。つまり、受け手とかけ手はお互いが相手であるかを認識し、それを示しあって、「お互いが誰であるかをわかった」ということをわかり合った上で、すなわち相互認識を達成した上で、はじめて電話をかけた用件について話し始めることができるのである。その際に、それぞれの最初の発声が、誰であるかを特定するための材料になる。それが「声標本」である。

かけ手は、受け手の「はい」という声を聞き、「もしもし」と応答し、さらに「アッケ:?」と名前を呼ぶことで呼びかけをしている。この「アッケ:?」という発話は、形式的には「確認の求め」であるが、確認をしているわけではない。これはどういうことだろうか。

例えば「もしもし、○○さんですか?」というような言い方には、YES/NOで答えることが適切である。つまり、それは「確認の求め」であり、着信点が「○○さん」であることを否定されることをも、予測したデザインになっている。そこには、返ってくる発話に対する不確実性があるのである。一方、「アッケ:?」という呼びかけは、「はい、そうです」というように肯定されることも、「いえ、違います」というように否定されることも、想定したデザインにはなっていない。「アッケ:?」という発話は、あだ名で呼べるような関係性を呈示する言い方になっており、その関係性の前提となる「相手が誰か」という理解を含んでいるからである。よって、この言い方は、形式的には「確認の求め」であっても、受け手がアッケであることはわからない、という不確実性は含まれていない。つまり、「相手が誰か」という理解を示すデザインになっているのである。だからこそ、私たちはそれを「確認の求め」ではなく、端的な呼びかけとして、すなわち、受け手が誰であるか認識したことを示す発話として、聞くことができる。

それに対して受け手も、「うん」という親しみがこもった応答をすることで、かけ手が誰であるのか認識したことを示している。相手が誰だかわかったからこそ、受け手は「あだ名」で呼び合うような親しい間柄で使わ

れるのに相応しい「うん」という言い方によって，応答しているのである。そうしてお互いがお互いをわかっていることが確認されて，すなわち相互認識が達成されて，最初の話題に入っていっている。

　このように，最初に「もしもし」あるいは「はい」と受け手が応答し，次にかけ手が「もしもし＋名前を呼ぶことによる呼びかけ」をし，受け手がそれに対してふさわしい形で応えることで相互認識が達成されるというのは，携帯電話での会話の開始部分に典型的なものであった。このような名乗りのない会話の開始は，4節で示すように固定電話での会話でも，ありえるものではある。しかし，それは，「はい」や「もしもし」という発話による「声標本」のみをもとにして，かけ手が受け手を誰であるか確信でき，呼びかけただけで，呼びかけられた受け手もかけ手が誰かわかることができ，相互認識を達成することができる間柄であることを示しうる場合に限られるのである。

2.2. 最初の順番での"もしもーし"という発話デザイン

```
［データ2］（S 4）
((呼び出し音))
01 受け手：　はいは::い
02 かけ手：　もしもし，サンペイ？
03 　　　　　（.）
04 受け手：　うん.
05 　　　　　（.）
06 かけ手：　明日学校くる？
```

　この会話では，最初の順番（01行目）で，受け手が「はいは::い」と呼び出し音に対する応答をしている。その際には，「はい」が2回繰り返されるだけでなく，2回目の「はい」が，"はーい"と伸ばして発音されている（「:」は音が伸ばされて発音されていることを示す記号である。そ

の数は，音の長さを表す）。その「はいは::い」という言い方は，とても親しげに聞こえる。注目すべきは，その親しげな言い方がなされている位置である。

　例えば，家にかかってきた固定電話に出る際に，相手が誰かがわからないのにもかかわらず，いきなり「はいは::い」と言うことで，応答することができるだろうか。ありえるとしても，かけ手が誰であるのかを，受け手があらかじめわかっている場合に限られるに違いない。さらに，そのようにわかった上で，親しい間柄である必要もある。「はいは::い」という言い方では，それらが際立っている。

　この言い方と同様に考えられるものとして，携帯電話同士の会話に典型的に見られたのが，次に挙げるような，「もしもし」を伸ばした"もしもーし"という言い方である。

　［データ3］（K 25）
　((呼び出し音))
　01　受け手：　もしも::し
　02　かけ手：　もしもしカオリ::ン？
　03　　　　　　(.)
　04　受け手：　(う)ん，[いまね::
　05　かけ手：　　　　　[あ(.)うん．

　これは，やりとりの形式自体は［データ1］と同じである。最初に受け手による応答があり，次にかけ手による呼びかけがあり，それに対して受け手が「(う)ん」と応答している（「う」が丸括弧に入っているのは，「う」と発音されていることが不明瞭だからである）。しかし違うのは，［データ2］と同様に，受け手による第一声が，「もしも::し」と，かけ手が誰かわかっていることを示すデザインで，発話されていることだ。

　このような最初の順番からわかるのは，受け手が電話に出る前に，かけ手が誰であるかを受け手がわかっていることが示されていることである。

わかっているからこそ，第一声でかけ手が誰であるのか認識していることを，受け手は示すことができる。では，どうしてそのような受け答えが可能になっているのだろう。まさか，携帯電話なら誰からかかってくるのが，いつも事前にわかるわけはない。そうであるなら，最初に述べた携帯電話使用における三つの特徴によって，私たちは第一声でいきなり"もしもーし"と言うことができると言える可能性がある。

2.3. 2番目の順番での話題の導入

［データ4］（S 14）
((呼び出し音))
01　受け手：　はい
02　かけ手：　あんさ：
03　　　　　　(0.3)
04　受け手：　うん．
05　かけ手：　あの：(.) ビデオあんじゃん．

　この会話では，2番目の順番（02行目）でかけ手がいきなり最初の話題に入ろうとしている。最初の順番の受け手の「はい」という応答は，非常に一般的であるが，それに対して「あんさ：」といきなり言うのは，固定電話を想定すると一般的だとは言えない。"あのさぁ"というのは，相手が"あのさぁ"と言える相手だとわかってはじめて発話できる，とてもざっくばらんなものだからだ。さらに，「はい」という第一声も，受け手がかけ手をわかっていることが示されているわけでもない。にもかかわらず，かけ手は，受け手がかけ手をわかっていることを前提とした発話をしているのである。
　そのような2番目の順番に対して，受け手も「うん」と言うことで，さらに話を進めることを促している。受け手の方でも，「あんさ：」と言うのを聞くだけで，相手を特定できたことを示しているのである。"あのさぁ"

と言われただけで，相手が誰かを特定するのは非常に難しいだろう。しかし，ここではそれが可能になっている。

　以上のようにして，この一連のやりとりは，受け手もかけ手も事前に相手をわかっており，早くも2番目の順番で話題が導入されても，滞りなく会話が先に進められているように見える。もう一つ見てみよう。

［データ5］（S 7）
((呼び出し音))
01　受け手：　もしもし
02　かけ手：　どこまで行ったの
03　　　　　　(.)
04　受け手：　え：今二食（(第二食堂の隣のATM)）で金下ろして今
05　　　　　　から行く

　ここでも，受け手は一般的な「もしもし」という発話で，呼び出し音に応答をしている。それに対してかけ手は，すぐさま最初の話題に入っている。「もしもし」という言い方では，受け手がかけ手を認識していることが示されていないのにもかかわらず，かけ手は受け手に対して「どこまで行ったの」と，受け手が誰であるか認識していることを示すのと同時に，最初の話題に入っている。つまり，ここでは「どこまで行ったの」という質問をすることで，さらにそれに対して，受け手も「今から行く」と答えることで，相互認識が達成されているのである。

　このように，ここでは，かけ手が前もって受け手が誰であるかを認識し，その認識に対して確信を持っていなくてはできない発話が，早くも2番目の順番で行なわれており，さらに受け手もかけ手が誰であるかが，2番目の順番の発話からわからなくてはできない答え方をしているのである。

　「どこまで行ったの」という発話は，それ以前にかけ手と受け手が，一緒にいたか，連絡を取り合っていた可能性を垣間見せてはいる。また，受け手の状態を聞く発話（例えば「起きてた？」というような発話）が2番

目の順番にくることがあることは，英語による固定電話における会話の始まりを分析するなかで示されてもいる（Schegloff, 1979）。しかし，ここでの「どこまで行ったの」という発話は，そのきつめの口調から，相手の状態を聞く質問をしながら，早く来るようにと催促をしているように聞こえる。そして，そのような催促がいきなりできるのは，やはりかけ手が「受け手はかけ手である自分をわかっている」と確信しているからだろう。そういうわけで，［データ4］や［データ5］のような仕方で，2番目の順番で早くも話題に入ることができるのは，受け手もかけ手も，お互いに誰かを事前に認識しているからのように見えるのである。

　以上のように，これまで示してきた三つの仕方で会話を進めることができるのは，携帯電話使用における三つの特徴によってである可能性がある。つまり，受け手もかけ手も，それぞれの所有する携帯電話が間違いなくそれぞれのものであると確信し，それに出るのが誰であるのかをディスプレイを見ることで確認し，その確認を信頼した上で，携帯電話で話を始めていると考えられるのである。

3．相互認識の達成は必要ないのか？

　このような会話形態が携帯電話に典型的なものだとすると，携帯電話では三つの特徴によって，電話が始まってから相互認識の達成がなされることは，必要とされていないようにも思える。事前にわかっているのだから，お互いに誰かをわかっていると示し合う必要もないというわけだ。しかし，実はそうではない。それを示すために，次の会話を見てみよう（これは，［データ5］とは関係がない別の会話である）。

［データ6］（S 15）
((呼び出し音))
01　受け手：　もしも::し　((周囲の音などの雑音が聞こえる))
02　かけ手：　あ，もしもし？　((声が反響している))

```
03           (.)
04  受け手：  はい.
05  かけ手：  え:::まだ二食（(第二食堂)）にいる?
06           (.)
07  受け手：  あ:いるよ
```

　最初の順番（01行目）では，受け手が呼び出し音に対する応答として"もしもし"と言っているのだが，その"もしもし"が「もしも::し」と発話されている。これは先に示したように，受け手がかけ手が誰か電話に出る前にわかっていることを明らかにする発話である。それに対して，かけ手はさらに「もしもし?」と呼びかけをしている。このように，2番目の順番においてかけ手が再度"もしもし"と言うのは，十分ありえることだ（西阪，1999）。しかし，「あ，もしもし?」というその言い方は，「もしも::し」と言われたのに対してみると，フォーマルさが際だつような言い方になっている。つまり，「あ」によって，かけ手が「受け手が誰か」をわかったと示されてはいても（西阪，2004，Heritage，1984），かけ手が「受け手がかけ手を誰かわかった」とわかったことも示すような言い方にはなっていないのである。

　もし，「あ，もしもし.」と音調を下げて発話がなされたのであれば，そう示しているように聞こえるかもしれない（ピリオドは，下降調のイントネーションを示す記号である）。しかし，「あ，もしもし?」というように発話の最後で音調が上昇しているので，かけ手が「受け手がかけ手を誰かわかった」とわかったことを示すのにしては，何か足らない感じがする（クエスチョンマークは，上昇調のイントネーションを示す記号である）。つまり，最初の順番（01行目）で受け手が「かけ手を誰かわかった」ことを示しているのに対して，反応していない言い方がされているのである。

　そのため，受け手は3番目の順番（04行目）で，「はい」と再びフォーマルな言い方をし，再度「声標本」を呈示している。そしてそれは，「『かけ手が受け手をわかった』と受け手はわかっていない」と伝えることにな

っている。つまり，「はい」という発話は，相手を認識したことの主張にはなっていないのである。

　雑音が聞こえていることからすると，かけ手は受け手が誰であるか認識はしていても，電話がきちんと通じていることを（すなわちチャンネルが確立しているということを）確信できていない可能性がある。そうであるなら，そのためにもう一度「もしもし？」と呼びかけをしていることになる。そしてその不確実性に対応するために，順番3（04行目）の「はい．」は，明確な，端的な，曖昧さを排した答え方としてデザインされ，相互認識を主張しないフォーマルな言い方になっているのかもしれない（チャンネルが確立していることの不確実性については，5章を参照）。

　どちらにせよ，相互認識がここまででは達成されなかったからこそ，次に4番目の順番（05行目）で，かけ手は，「え：：：」と言いよどんでから，最初の話題に入ることになっている（西阪，1999）。この言い方は，「『かけ手が受け手をわかった』と受け手はわかった」とは示されていないのに話題に入る調整をしているように見える。それに対して，5番目の順番（07行目）で受け手は「まだ二食にいる？」という質問に「あ：いるよ」と答え，相手がくだけた言い方で答えることができる相手だとわかったと示している。そうしてこの発話によって，相互認識が達成されているのである。

　このやりとりからは，携帯電話同士での会話においても，やはり相互認識の達成が，会話を進めていく上で必要とされていることがわかる。たとえ話を始める前に，名前が表示される携帯電話特有の機能によってお互いに誰かをわかり合っていたとしても，会話が始まってから相手をわかっていると示し合うことは必要とされているのである。そしてそれは，お互いに名乗り合うことも多い固定電話でのやりとりとは異なる形態で行われている。つまり，相手の名前を呼ぶことで呼びかけをしたり，"もしもーし"という発話をおこなったり，いきなり2番目の順番で話題に入ったりするという名乗り合うことのない発話，すなわち明確な「名乗り」ではない名乗りによって行なわれているのである。

4. 相互認識過程の簡略化と親しさ
——家族との会話と比較しながら

　これまでは，相互認識過程が固定電話に比べて簡略化されてはいても，「名乗り」のない名乗りによってやはり相互認識が達成されているという，携帯電話における会話の開始部分を見てきた。では，そのような会話形態は，携帯電話だけに見られるものなのだろうか。

　［データ7］（K 15）
　((呼び出し音))
　01　受け手：　はい．
　02　かけ手：　お母さん？
　03　受け手：　う:ん．
　04　かけ手：　迎えに来て:？

　この会話は，携帯電話から固定電話にかけられたものであり，また家族に宛ててかけられたものである。携帯電話と固定電話での会話の場合，固定電話の方に，先に述べた携帯電話の持つ特性が備わっていないためか，固定電話同士と同じ形態で会話が進展していた。しかし，この会話を見るとわかるように，それが家族に宛てられたものである場合には，様相が違っている。

　まず，最初の順番（01行目）では，固定電話にかかってきた電話を取った受け手が，「はい．」と言うことで，呼び出し音に応答している。その言い方は，これまで見てきた携帯電話の最初の順番のものとは違って，「かけ手が誰であるのか」が受け手である発話者にはわかったことが示されていない。それに対して2番目の順番（02行目）では，かけ手が「お母さん？」と相手を呼ぶことで，呼びかけを行っている。そのように呼びかけるのと同時に，発話者であるかけ手は受け手が誰であるかを，すなわ

ち「お母さん」であることをわかったことを示している。また，自分が相手を「お母さん」と呼べる人物，すなわち受け手の「娘」であることも，同時に示している。それに対して受け手が3番目の順番（03行目）で「う:ん.」と応えることで，受け手もかけ手が誰であるのかをわかっていること，すなわち「娘」だとわかっていることが示され，相互認識が達成されている。

　この「はい→呼びかけ→応答」という相互認識の過程は，2.1.で見た携帯電話同士のものと同じである。つまりこの電話では，2.1.で見た携帯電話同士の会話での開始部分の形態と，類似する会話形態が観察されたのである。もう少し見てみよう。

［データ8］（K 1）
((呼び出し音))
01　受け手：　はい?
02　かけ手：　あ=もしもしお父さ:ん?
03　受け手：　はい.
04　かけ手：　あ:たしさ:今日今週帰るけどさ:どう:電車で帰ってく
05　　　　　　ればいい?

［データ9］（S 11）
((呼び出し音))
01　受け手：　↑は↓い
02　かけ手：　あ>おかあさん<:
03　受け手：　はい (.) なに:?

　これらも，［データ7］と同様に，携帯電話から固定電話に，そして家族である人にかけられたものである。データ8では最初の順番（01行目）で，先ほどの［データ7］と同様に，「はい?」という発話がなされ，発話者である受け手はかけ手が誰であるかわかっていないことが示されてい

る。それに対して，やはり2番目の順番（02行目）で家族であることを示すカテゴリーを用いた「お父さ:ん?」という呼びかけが行われ，それに対して受け手が「はい」と3番目の順番（3行目）で応えている。[データ9]も同様だ。つまりこれらの例から観察されるのも，「はい→呼びかけ→応答」という相互認識の過程なのである。

　ここで，これらの電話が固定電話で受けられたものだとわかるのは，最初の順番と3番目の順番の「はい」という発話の仕方によってである。[データ8]では，最初の順番（01行目）で，「はい?」とかけ手が誰であるのかを受け手がわからないことを示す発話がなされているのに対し，3番目の順番（03行目）では，「お父さ:ん?」というかけ手の発話を受けて，「はい.」という下降調のイントネーションの発話がなされている。最初の順番と3番目の順番では，同じ"はい"でも，その言い方が異なり，後者の"はい"は前者と比較すると，受け手がかけ手を誰であるかわからないことは，示されていないように聞こえる。

　[データ9]でも，最初の順番の"はい"は，「↑は↓い」と発音されており，発話者である受け手がかけ手を誰であるかわかっていないことが示されているように聞こえる（↑はその直後の音が上がっていることを，↓は下がっていることを示す記号である）。それに対して3番目の順番（03行目）では，「はい」と語尾が上がりもせず，下がりもせずに発音されていることから，発話者である受け手がかけ手を誰であるかわからないことは，やはり示されていないように聞こえる。これは，携帯電話ではディスプレイを見るなら受け手もかけ手も事前に話し手を認識できるのに対して，固定電話ではそうはできないためであろう。そして，これらの会話がどうも携帯電話同士ではないということを，私たちは受け手の第1声と第3声の違いを聞いただけで感づくことができるのである。

　さて，最初の順番の発話デザインのされ方を除いた，このような家族との電話と携帯電話同士の会話の開始部分の類似性は，単に相互認識の手順が簡略化されていることだけなのだろうか。もう一つ，簡略化と同時になされていることがあるように聞こえる。両者ともが，とても親しげに話し

ているように，つまり親しい間柄であることを示し合っているように聞こえるのである。

　3章では，電話の会話が，かけ手と受け手の関係のなかに埋め込まれているありようが示されていた。電話における友人同士の会話には，その関係性が示されている。家族の電話には家族のメンバー同士の会話であることが，家族のカテゴリーを用いた呼びかけや，それを聞いただけで誰かを特定できるという関係性によって示されている。例えば最初の順番の「はい」という発話だけですぐに相手を認識することができるからこそ，またそれに対して名乗ることなく自分が誰かを示せるからこそ，相互認識の手順が簡略化できるのである。つまり，2番目の順番において，「もしもし＋名前を呼ぶことによる呼びかけ」をすることによる相互認識手順の簡略化は，携帯電話か固定電話かという，電話の様式とは独立した事柄でもあるのだ。

　しかしこれまでも見てきたように，親しい間柄であることが示されながら，相互認識過程の簡略化が行なわれる形態のなかで，それでもやはり携帯電話同士の会話に独特だと考えられるものがある。そのような会話が行われる三つの仕方を最後に見ていくことにしよう。

5．携帯電話で親しさが示される三つの仕方

5.1．呼びかける

　まずは，この章の最初に取り上げた「呼びかけ」に着目してみたい。相手の名前を呼ぶことで呼びかけをするのは，「○○さんでいらっしゃいますか？」のような質問よりも，親しい間柄であることを示すものである。また，［データ1］［データ2］［データ3］のように，あだ名で，あるいは「ちゃんづけ」で相手を呼ぶのも，さらに，そのように呼ぶことができる親しい間柄であることを示す一つの方法である。［データ10］では，それが最初の順番でなされている。すなわち，受け手が「もしもし」と呼び出し音に対して応答したすぐ後に，かけ手の名前を呼ぶことで呼びかけを

しているのである。これには，最初に示した携帯電話の特性ゆえに可能になっている，相手が誰かをわかっていると示す会話形態が，端的に現れていると言える。

［データ 10］（K 9）
((呼び出し音))
01　受け手：　もしもしミキちゃんですか？
02　かけ手：　あ，そうですよ．uhuhuhuh
03　受け手：　［はい？
04　かけ手：　［佐藤さ h（.）あのね h: huhuhu h

5.2．"もしもし"

次に示すのは，［データ 3］［データ 6］ですでに見たのと同様に，最初の順番の「もしもし」が，"もしもーし"と伸ばされて発話されているものである。さらに［データ 11］では，2 番目の順番が「もしも:し！」という形で，勢いがつけられて，生き生きと発話されてもいる。そのやりとりには，ざっくばらんな 2 人の関係性が呈示されている。

このように，私たちは"もしもーし"あるいは"もしもーし！"（さらに［データ 2］のように"はいはーい"と言う場合もあるだろうし，［データ 13］のように「は:い？」と言う場合もあるだろう）と発話することで，相手が誰であるのかをわかっていると示せるのと同時に，親しい間柄であることを示すことができるのだ。そして最初の順番でそれが可能であるのは，第 1 節で取り上げた，携帯電話使用における三つの特徴があるからこそなのである。

［データ 11］
(((呼び出し音))（K 23）
01　受け手：　もしも::し
02　かけ手：　もしも::し！

[データ 12]（K 6）
((呼び出し音))
01　受け手：　は：い？
02　　　　　　（.）
03　かけ手：　もしも：し！
04　受け手：　なに？

5.3. 共鳴させる

　最後は，かけ手と受け手が，同時に発話をしているものである。しかし，ただ同時に発話しているだけではない。たまたま声が重なったというようにも聞こえない。以下に示すのは，かけ手と受け手が，声を合わせて発話をしているものである。

　もちろん対面ではなく電波を使って話しているのであるから，お互いに見ることで呼吸を合わせることはできず，発話の始まりには，多少のずれがあるのだが，最初に発話した人に声を共鳴させるようにして，二人が同じ発話を行っている。むしろそのずれが，相手が何をしようとしているのかを発話の出だしを聞いただけで理解し，それに応えることができるくらいに，「私たちは親しいのだ」ということを示しているように聞こえる。

　また，［データ 13］では「久しぶり：」と，［データ 14］では「おはよ：：」と共鳴しあっている発話は，とても明るく，はつらつとして聞こえる。2人が声を共鳴させあうのは，お互いがその発話を，あるいは発話内容を共有しているということを示すことだ。そして2人は，そのように発話内容を共有できているという関係性を，示し合ってもいるのである。

　このような発話が，勢いをつけてスピーディーに，しかも会話のごく初めの部分でできるのは，やはり三つの特徴に支えられてであるように見える。［データ 13］のように，「もしも：：し！」と言い合ったまさにその直後に声を共鳴させられるのも，［データ 14］のように，受け手が「もしもし？」と言った直後に声を重ねあわせられるのも，三つの特徴に支えられた，簡略化された相互認識達成あってこそ可能になっているものであると，見

ることができるのである。

［データ13］（TN 2）
((呼び出し音))
01　受け手：　もしも::し！
02　かけ手：　もしも::し！
03　受け手：　久［しぶり:
04　かけ手：　　［久しぶり:

［データ14］（K 19）
((呼び出し音))
01　受け手：　もしもし？
02　かけ手：　おは［よ::
03　受け手：　　［おはよ::今どこ？

　以上のように，「名乗り」のない名乗りによって相互認識過程を省略しながら，親しさを示し合う会話形態がデータから明らかになったのであるが，それは本章であつかったデータが，大学生の友人同士の会話であったことによっているだろう。もちろん，携帯電話同士で仕事の話をすることもある。その場合には，これまで示したのとは違った関係性が示され，これまで見てきたものとは違った会話形態で，会話が進められるだろう。第3章で見たように，どういう仕方で相互認識をするのかは，受け手とかけ手の関係性によって違うからである。
　しかしその一方で，携帯電話は親しい関係にある個人同士が，コミュニケーションを取るためのツールになっているとも言える。携帯電話が携帯電話ゆえの特性をもっているからこそ，そして会話のなかで受け手とかけ手が親しい関係であることが示し合われているからこそ，携帯電話の会話形態は，それ独自のものとして現れることになっているのである。

第5章

「電波が悪い」状況下での会話

1. はじめに

　携帯電話を使用している人の多くが，電話の最中に相手の声が聞き取れなかったり，電話が途中で切れたりした経験を持つだろう。コミュニケーション・チャンネルが（対面会話や固定電話の会話に比べて）不安定なのは，携帯電話という機器を用いて行われる会話の特徴の1つともいえよう。携帯電話で会話をする際に実際にチャンネルが不安定である事態に直面したとき，私たちはどのようにふるまっているだろうか。「よく聞こえない」，「電波が悪い」などと，チャンネルが不安定であることに言及することも多いのではないだろうか。本章では，そうした行為が生じる順番（ターン）を中心に，その前後で相互行為がどのように組織され，チャンネルが不安定であるというトラブルのさなかにありながら会話が進められているのかを見ていきたい。

　さて，私たちは，機会があれば，状況が許せば，あるいは，必要であれば，いつでもどこでも誰とでも，多くの場合はなんら問題なく会話ができる。このこと自体，実は極めて興味深い，よく考えると不可思議な事実である。この事実の奥深さを実証的研究の積み重ねによって我々に示し続けているのが，近年ますます盛んになっている会話分析研究であろう。会話の参加者（以下，会話者）は，適切に発話し，相手の発話を適切に解釈す

るために，現前の状況に含まれる様々なことに対して非常に微細なレベルで敏感に感応しつつ相互行為を展開していく。この様子を，実例を通して実証的に明らかにしていく作業は大変刺激的である。本章で携帯電話の会話データを分析する試みも基本的に同じ作業である。

　携帯電話という機器を通して「テレフォニック」な，ゆえに，対面会話に比べてチャンネルが不安定な会話をしているということも，その会話が生起している「状況」の一部であることには間違いない。「状況」は，会話の当事者によって会話そのものに織り込まれている。「状況」をどこにどう織り込んでいくかは全て会話の当事者たちが相互行為を展開する中で決定していることなのである。しかし，その決定はでたらめに，恣意的になされるわけではなく，一定の方向性や秩序を持っている。それがすなわち，相互行為が組織されているということなのである。相互行為の組織は，まずは，会話の当事者間で相互行為の展開において参照・利用できるものとして共有され，副次的に，分析者にとって記述可能なものとしてデータの中に現れている。会話者は，チャンネルが不安定であるという状況をどのように相互行為の中に織り込んでいるのだろうか。その仕方にどのような秩序性を見いだすことができるだろうか。本章はこうした問題を明らかにしていく試みの会話分析的実践の実演・例示であり，広範なデータベースを用いた多数の例の分析の蓄積に基づく報告ではないことに注意されたい。

　以下では，まず，コミュニケーション・チャンネルが不安定な状況について言及する行為が，相互行為の中でどのように現れるかについて観察する。続いて，そのような行為が軸となって展開する連鎖の組織を詳細に見ていく。これらの作業を通して，チャンネルが不安定であるという事態が，単に障害となって会話の成立を困難にしているわけでなく，会話者は，そうした事態への対処を含めて会話を組織し，相互行為の秩序を維持していることを明らかにしていく。

2. チャンネルが不安定であるということ
　　――「電波が悪い」

　西阪（2004）は電話が「テレフォニック」な会話であること，すなわち，チャンネルが不確定な環境のなかにいるということに会話者が志向している様を固定電話の開始部分の分析を通して明らかにしている。ここでは，携帯電話を用いて現に音声が途切れがちな状況の中で会話を進めている事例において，チャンネルが不安定であるという事態を会話者がどのように相互行為に組み込んでいるのかを見ていきたい。

　本章で扱うデータの電話の当事者たちは，チャンネルの不安定さに直面している事態を明示的に「電波が悪い」と描写し，チャンネルのトラブルを認識していることを互いに確認する。いや，むしろ，敢えて確認することをする，と言うほうが正確であろう。というのも，電話の開始時から終了時を通して明らかにチャンネルの不安定さが確認できるデータにおいては，当事者にとってもチャンネルの不安定さは電話の開始時から明白なはずなのに，「電波が悪い」ことの確認は会話の中の特定の位置においてなされているからである。特定の位置というのは，具体的には，不安定な電波によって，発話連鎖の展開が阻まれる形で音声の途切れが生じた後の位置である。次のデータは，ツヨシがユウコを昼食に誘うやりとりがなされる会話の一部である。電話の開始後約30秒たった後，「電波が悪い」ことが11行目でツヨシによって初めて言及される。

［データ1］(TY 11)
01　ツヨシ：　うん,もう昼飯食べた?
02　ユウコ：　食べてない．
03　　　　　　(1.0)
04　ツヨシ：　食べてない．
05　　　　　　(1.0)

06 ツヨシ： 待っててもらおうかな．
07 ユウコ： ごめん，ちょっと（聞き取りづらいん）だけど．
08 　　　　 (1.5)
09 ユウコ： もう一回いってくれる？
10 　　　　 (.)
11 ツヨシ： ごめん，電波が悪くて申し訳ないです．←
12 ユウコ： いえいえ．

　01行目は，反応が返された後に昼食への誘いが来ることの布石となる予備的質問である．（会話分析ではこうした予備的な［質問］―［答え］を先行連鎖と呼んでいる．）つまり，ユウコの02行目の発話は，ツヨシの次の行為として誘いが来ることがある程度予測できる位置にあるといえる．すなわち，ユウコの発話「食べてない．」は，ツヨシの01行目の質問に答えているだけではなく，ツヨシが「誘い」へと進むことを促す行為でもあるのだ．これを受けたツヨシの04・06行目は，昼食に誘う発話と聞くことができる．01行目で予示された誘いが，明示的ではないが，ここで一応実現されていると見ることができる．しかしながら，この誘いに対する反応が期待される位置，07行目において，ユウコの発話は直前のツヨシの発話が聞き取れなかったこと（および，それゆえにもう一度先の発話を繰り返して欲しいこと）を主張している．すなわち，ここで，すでにその軌道を描いていたかに思われる［誘い］―［誘いに対する反応（受諾もしくは拒否）］という隣接対をなす発話連鎖の展開が阻まれているのである．09行目でユウコは先のツヨシの発話のやり直しを明示的に要求しているが，これに対し，ツヨシはまず，「電波が悪い」ことを詫びている．すなわち，詫びることにより（実際にそう信じているかどうかは別として）それが自己の責任であるという態度を表明している．これは，ユウコの07・09行目の発話によって連鎖が中断されたことについて，ユウコの側には説明責任がないという理解を提示していることにもなる．（さらにいえば，07行目のユウコの発話も，それ自体，ツヨシの06行目の発話に

対して適切な反応ができないことの理由説明にもなっていて，11行目のツヨシの発話はその理由説明を受け入れる行為でもある）。

次の［データ２］では，同じ会話のさらに数十秒たったところで今度はユウコが「電波が悪い」ことに言及する。ここでは待ち合わせの場所を決めるやりとりが生じている。

［データ２］（TY）
01　ツヨシ：　うん．(.)どこがいいでしょう．
02　ユウコ：　そうだね, 1時だよね．（いま何時）
03　ツヨシ：　いま(.)11じ[：半くらい．
04　ユウコ：　　　　　　　　　　[あ,
05　ユウコ：　ほんと:?　どうしよっか::．どうしようかな．
06　　　　　　(0.5)
07　ユウコ：　どこが(.)いきやすい?
08　　　　　　(2.5)
09　ツヨシ：　>なになになに<?
10　ユウコ：　<どこが行きやすいですか:>
11　　　　　　(0.8)
12　ツヨシ：　どこでも?　(.)っていうか．
13　ユウコ：　あほんと:<なんかめちゃめちゃ電波わるhhい．←
14　　　　　　(1.0)
15　ツヨシ：　¥う:ん¥hh.hhhh

ユウコとツヨシは互いに相手の声が非常に聞き取りにくい中でなんとか会話を進めているが，09行目にいたって，今度はツヨシが，ユウコの直前の発話が聞き取れなかったことを明らかにし（「>なになになに<?」），やり直しを求めている。ユウコはこれに応えて10行目で先の自分の発話をやり直している。そのやり直しの仕方も，ツヨシの09行目の発話が，（例えば，ツヨシが不注意でよく聞いていなかったためではなく）聞き取りが

困難であったことに基づいているという理解を示している。すなわち，10行目は，ややゆっくりと，ひとつひとつの音をよりはっきりと発音するように，また，文末に「ですか」と明示的に疑問を表す形式を付加する形で発せられているのである。ツヨシが12行目でそれに応えることによって，ユウコによって開始された［質問］―［答え］の連鎖が一応達成される。ユウコは，13行目で，自分の質問に対するツヨシの答えを受け止めたことをまず示した後に（「あほんと」），電波の悪さについて言及する。この位置のこの順番において電波の悪さに言及することによってユウコは次のようなことをしていると言えそうである。すなわち，ツヨシの09行目の発話によって展開中の発話連鎖が中断したことについて（［データ1］においてツヨシがユウコに対してしたように）説明を与えているのではないだろうか。「電波が悪い」という説明は，同時に，ツヨシの側には説明責任がないという理解を伝えているのである。

　このように，もともと「電波が悪い」中で会話を進めている状況において，改めてそのことが取り上げられ，明確化されるのは，それが発話連鎖の中断という事態が生じた際の「説明」として適切に用いることができる機会においてである。上で見た例では，連鎖を中断した相手に責任はないことの理解を表示するための説明として用いられていた。同じ説明が，次のデータで見られるように，自分の責任ではないことの主張に用いられることもある。

　　［データ3］（TY 15）
　　01　アイコ：　もうクリスマス終わるよ：
　　02　タクヤ：　その人の誕生日だからさ::
　　03　アイコ：　え:?
　　04　タクヤ：　（　　　）誕生日だから
　　05　((電話が切れる。タクヤがかけ直す。))
　　06　アイコ：　もしもし::?
　　07　タクヤ：　なに切ってんのおまえ．

```
08  アイコ：  ほんっと電波悪くな:い?なんで:なんで:?=私 ←
09           じゃないよまじで.                          ←
10           (4.0)
```

　04行目のタクヤの発話の途中で電話が切れてしまう。タクヤが電話をかけ直し，07行目で，電話が切れた事態をアイコが電話を切ったものとして言及する。タクヤの07行目の発話は，その言い方からも，また，次のような理由からも，冗談もしくはからかいとして発せられてものであるのは明らかである。それまでアイコとタクヤは親しげに話している。また，電話の開始時からチャンネルは不安定で，すでに一度通話が切れてアイコがかけ直すという事態が生じた後に，アイコは，最近電波が悪くて通話が切れることが多いということを話題にしており（[データ6]），「電波が悪い」という認識はすでに共有されている。さらに，04行目のタクヤの発話の最中にアイコが自らの意思で電話を切る合理的な理由はなんら見当たらない。以上のようなことから，タクヤが，アイコが意図的に電話を切ったと信じているとはおよそ考えられないことが，会話の当事者にも明白である。しかしながら，少なくとも形式上はアイコに対する非難となっている。これに対し，アイコの08・09行目の順番も形式上はタクヤの非難に対する応酬として組み立てられている。すなわち，まず，タクヤの非難の前提（アイコが意図的に電話を切ったということ）を否定する材料として「電波が悪い」という説明を提示し，続いてそれが自分の責任の範囲外であることを主張している。

　まとめると，「電波が悪い」ことへの明示的な言及は，発話連鎖の展開に支障をきたしたときの説明として提示され，連鎖を中断した者の個人的責任を問うことのできるような問題とみなさないことを表明（もしくは要求）するものとして用いられているのである。

3. 「電波が悪い」ことについての連鎖の組織

　前節では「電波が悪い」ことについての言及がなされるのは，発話連鎖の展開に支障が生じたときであるという幾分曖昧な言い方をしたが，上で見たデータ中に示されているように，そうした言及がなされるのは，必ずしも，発話連鎖が途切れるというトラブルが生じた直後というわけではない。本節では，「電波が悪い」という言及がなされる順番を含む発話の連鎖がどのように組織されているのかをもう少し丁寧に見ていく。その中で注目すべき点は，電話の「用件」としてつくりだされている順番の連なり（これをとりあえず「主流的連鎖」と呼んでおこう）と「電波が悪い」ことに関連した発話の順番の連なり（これを「傍流的連鎖」と呼ぶことにする）とが巧みに撚り合わされてひとつの会話が組織されているということである。

　少し長くなるが，すでに見た［データ2］の部分からこの会話が終了するまでを見てみよう。

［データ4］(TY 13)
```
01  ツヨシ：　うん．(.) どこがいいでしょう．
02  ユウコ：　そうだね，1時だよね。(いま何時)
03  ツヨシ：　いま(.)11じ[:半くらい．
04  ユウコ：　　　　　　　［あ，
05  ユウコ：　ほんと:?　どうしよっか::．どうしようかな．
06  　　　　　(0.5)
07  ユウコ：　どこが(.)いきやすい?
08  　　　　　(2.5)
09  ツヨシ：　>なになになに<?
10  ユウコ：　<どこが行きやすいですか:>
11  　　　　　(0.8)
```

12	ツヨシ：	どこでも?(.)っていうか.
13	ユウコ：	あほんと:<なんかめちゃめちゃ電波わるhhい.←
14		(1.0)
15	ツヨシ：	¥う:ん¥hh .hhhh
16		(2.0)
17	ユウコ：	新宿[とかかなあ]
18	ツヨシ：	[やっぱうちが電波]悪いのかな>あじゃしん-<
19		じゃ<新宿>南口にしよう.
20	ユウコ：	うんわかった.
21	ツヨシ：	[あん．じゃあそういうことで.
22	ユウコ：	[hehh .hhh
23	ユウコ：	ehhhhhh え, [あたし:?]
24	ツヨシ：	[何でこんな]電波が.
25	ツヨシ：	わかんない俺かもしんない.何だろうね.
26	ユウコ：	え::もともといえ:だった(.)から(かこまれていると
27		か.
28		(0.5)
29	ツヨシ：	そうなんだehhh
30		(.)
31	ツヨシ：	mhhh
32		(.)
33	ツヨシ：	じゃhあhhまあhまたhh[hhhh
34	ユウコ：	[ehhhh
35	ツヨシ：	は:[:い.
36	ユウコ：	[は:い.
37	ユウコ：	じゃ[あね.
38	ツヨシ：	[じゃ
39	ユウコ：	は:[:い.
40	ツヨシ：	[じゃあ.

13行目の「<なんかめちゃめちゃ電波わるhhい.」という発話が，09行目でツヨシが一旦発話連鎖の展開を止めてしまったことについての説明を与えていることはすでに見た。この発話は，［データ1］におけるツヨシの11行目の発話のように，ツヨシが09行目を発した直後，すなわち発話連鎖の展開に関わるトラブルが公然化された直後に生起しても良かったはずである。しかしながら，ユウコがこの発話を13行目において「あほんと．」の後に（やや急き込むような感じで）発したのには十分な理由がある。

09行目のツヨシの「>なになになに<?」は直前のユウコの発話が聞き取れなかったことを明らかにし，そのやり直しを求めている順番であることは先に述べた。これに対する反応として次の順番におけるユウコの行為として期待されるのは，当然ながら先のユウコ自身の発話のやり直しである。仮に「電波が悪い」ことについてここでユウコが言及したとすれば，その発話が，先の発話のやり直しであるという解釈を導く可能性を否定できない。それだけでない。やり直す機会として用意されたこの位置でやり直しをしなければ，そもそもユウコ自身が開始した［質問］―［答え］の連鎖が完結される保証はない。ゆえに，この位置における相互行為的に最も適切な行為は，やはり，直前のツヨシの行為に応接する行為として先の発話のやり直しをすることなのである。そして，10行目のユウコの発話は，先に触れたように，ややゆっくりとした，発話末に「ですか」という表現を付加するという言い方を通して「丁寧に発話している」ことが標示され，それが確かに先の発話の「やり直し」（会話分析でいう「修復」）であることを示している。

さて，07行目のユウコの質問が10行目において修復されると，再びそれに対するツヨシの答えが期待される状況がつくられる。実際，やや遅れてではあるが（11行目），ツヨシはとりあえずやり直しとして発せられたユウコの質問に答える。(12行目。「とりえず」と述べたのは次のような理由からだ。答えるまでに0.8秒の間合いがあること，また，質問の答え「どこでも」に続けて，「っていうか.」と続けることによって，ツヨシは

自分の答えがアキコの質問に対する答えとしては十分でないという認識を標示している。実際，アキコの「どこが行きやすいか」という質問は，待ち合わせの場所を決めることを提案するツヨシの01行目の発話によって開始した連鎖の中に埋め込まれた［質問］─［答え］連鎖の質問部分として発せられたものである。その点から見ると，ツヨシの件の答えは，待ち合わせ場所を決めるというタスクの達成に志向した質問に対する答えとしては「不十分」であろう）。

　自分の質問に対する答えを得たユウコが次の順番（13行目）で，まずは，ツヨシの答えを聞き取ったことの確認を与える発話（「あほんと：」）をする。このことは，とりわけチャンネルが不安定であることが相互に認識できる状況においては，きわめて理にかなったことである。仮に「電波が悪い」ことへの言及を12行目のツヨシの答えの直後にしたとすれば，自分が直前のツヨシの答えがよく聞き取れず，その理由を提示している発話と解釈される恐れが生じよう。つまるところ，「あほんと：」に続いて間髪を入れず発せられた「＜なんかめちゃめちゃ電波わるhhい．」という発話はその適切な解釈が保証される最初でおそらく最後の機会を捉えて発せられているのである（もしこれよりも遅ければ，ユウコの「電波が悪い」ことへの言及は，発話連鎖が09行目において中止したことの理由説明として提示されているようには聞こえないであろう）。

　ここまでの議論で示唆されるのは，「電波が悪い」ことへの言及を発話連鎖のどの位置においてなすかが実に巧緻に組織されているということである。少なくとも今見た事例においては，この会話の「用件」として現下に展開されているトークの連鎖が中断・再開される中で，連鎖中断の説明としての解釈が可能でありながら当の「用件」の連鎖との干渉が可能な限り少ない位置においてなされている。

　「用件」のトークの連鎖を優先させながら電波が悪いことについての「傍流的連鎖」を並行して展開していく様子が，その後の部分に顕著に見られる。15行目のツヨシの「¥う：ん¥hh．hhhh」はその笑いを含んだ言い方からも，同じく発話末尾に笑いを含むユウコの「＜なんかめちゃめち

ゃ電波わるhhい.」という発話に呼応しているのは明らかである．つまり，ここで，電波が悪いことについて言及する発話の連鎖がつくられる．その次の順番においてさらにこの流れで連鎖を続けるのか，「用件」の連鎖を再開するのかについては，いずれの選択肢も可能であろう．実際，2秒の間合いの後，ユウコ（17行目）とツヨシ（18行目）は，ほぼ同時に順番を開始し，ユウコは後者の，ツヨシは前者の選択肢を取る．ユウコは待ち合わせ場所の候補を提案し，ツヨシは電波が悪いことについての説明を提示している．しかしながら，ツヨシは自らの発話を終えてすぐさまユウコの発話に応接する発話「>あじゃしん-< じゃ<新宿>南口にしよう.」を発している．ユウコの提案を受け入れ，さらに，より具体的な待ち合わせ場所を提案することによって，ユウコの選択肢，すなわ「用件」の連鎖に戻ることを優先するのである．続いてユウコもツヨシの提案を受け入れることによって（20行目），この電話の「用件」を達成する一連の行為の連鎖（昼食への誘いと，その受諾を踏まえた待ち合わせの時間と場所の決定）が完結に至る．21行目でツヨシは会話の終了に向かうことを提案する先終了（Schegloff and Sacks, 1973）と聞くことのできる発話をする．

　Schegloff and Sacks（1973）によれば，会話の終了部は，終了にさきがけて発せられるという意味を含めて「先終了（pre-closing）」と呼ばれる行為に，しばしば先行される．先終了は現在のトピック（話題）を終了させ，終了部を開始することの提案でもあり，「言いそびれたこと」があれば言うように誘う行為でもある．いずれにせよ，「提案」や「誘い」は，受け入れられる場合も受け入れられない場合もあり，受け手が先終了を受け入れた場合のみ会話者間の合意のもと，終了部に移行する．

　さて，ユウコは，ツヨシが先終了の行為を開始する順番（21行目）と同時に笑い始め，ツヨシの発話の途中で一旦笑いを止め（22行目），23行目で再び笑ったあとで，「え，あたし:?」と発話している．23行目のこの発話は，（一旦中断したものの）22行目から引き継いだ笑いで開始されていることによって，ツヨシの先終了に対する反応ではないことが標示されている．（22行目の笑いはツヨシの先終了の順番の開始と同時に発せられ

ている。）さらに，「え」という離接的な標識が，ツヨシの終了部に移行することの提案に沿うものではないことを明らかにする。「あたし:?」という非常に「切り詰めた」言い方はすでに会話者間で共有されている先行部分に依拠していることを示している。以上のことから，この順番はツヨシの直前の順番が属する「用件」の連鎖（この電話の会話の「主流的連鎖」）ではなく，「傍流的連鎖」に組み込まれるべきものとして，18行目のツヨシの電波が悪いことについての発話に接合するように構築されている。果たしてツヨシは，ユウコの笑いを聞いただけでそれが何に対する反応かを理解したようである。ユウコが「あたし:?」と言い始めると同時にツヨシも再び「電波が悪い」ことについて言及をする。こうして，ツヨシの先終了の提示によって一旦終了へ向かう兆しが見られたものの，中断した電波についての傍流的連鎖へ戻り，その連鎖の完結を達成した上で（29行目のツヨシの「そうなんだ」はその後にさらにユウコの反応を必要としない，連鎖を閉じる発話と聞くことができる），再び会話の終了部への移行が提案・受諾（33・35・36行目）され，会話の終了に至っている。

　「電波が悪い」ことについての言及は，チャンネルが不安定な会話の中で，ランダムに，あるいは，音声が途切れるなど物理的・外因的な障害の介入に付随的に生ずるわけではない。そして，「電波が悪い」ことについての発話の連なりは，会話の「用件」の連鎖と並行して，それ自体一つの連鎖を形成しながら会話の組織に巧みに組み込まれているのである。

4.「用件」連鎖の中断と再構築

　［データ1］では，ユウコが発話連鎖展開のトラブルを明らかにした直後の順番（11行目）においてツヨシが「電波が悪い」ことに言及していた。前節で見た［データ4］では，一見同様の状況において，「電波が悪い」ことへの言及は遅延されていた。本節ではこの相違について考えてみよう。以下に［データ1］の部分とそれより少し先の部分を含んだ［データ5］を示す。すでに見たように，09行目のユウコの発話も，［データ

2・4]のツヨシの09行目の発話と同様，受け手の直前の順番のやり直しを求めている．しかしながら，[データ2・4]の場合と異なり，これに対して発せられたツヨシの発話は，自分の先の発話のやり直しではない．直前の発話のやり直しのために用意された11行目の順番において，ツヨシは電波が悪いことへの言及を詫びの行為として構築しているのである．そして，それは，確かに，ツヨシ自身の直前の順番のやり直しとしては聞こえないように構成されている．すなわち，「ごめん」という順番の開始の仕方は，それが端的に謝罪という行為であるということを直ちに明らかにしており，自分の直前の行為のやり直しであるという解釈の可能性を順番の開始部分で回避しているのである．

[データ5]（TY 11）
01　ツヨシ：　うん，もう昼飯食べた？
02　ユウコ：　食べてない．
03　　　　　　(1.0)
04　ツヨシ：　食べてない．
05　　　　　　(1.0)
06　ツヨシ：　待っててもらおうかな．
07　ユウコ：　ごめん，ちょっと（聞き取りづらいん）だけど．
08　　　　　　(1.5)
09　ユウコ：　もう一回いってくれる？
10　　　　　　(.)
11　ツヨシ：　ごめん，電波が悪くて申し訳ないです．←
12　ユウコ：　いえいえ．
13　　　　　　(.)
14　ツヨシ：　うん，昼飯食べた(の)．
15　ユウコ：　食べてない．=
16　ツヨシ：　=食べてないんなら
17　ツヨシ：　[たべ-

```
18  ユウコ：  ［食べにいこっか=
19  ツヨシ：  =食べにいき＜ませんか＞.=
20  ユウコ：  =うん.
```

　ユウコがこの詫びを受け入れることによって（12行目），一旦［詫び］―［受諾］の連鎖が昼食への誘いの連鎖の中に挿入される。誘いの連鎖は14行目で再開される。しかしながら，興味深いのは，14行目の発話は，［詫び］―［受諾］の連鎖の挿入（11行目と12行目）によって一時保留された，09行目に応接する行為，すなわち，ツヨシの06行目の発話のやり直しではないということである。ここで展開されているのは，このデータの冒頭，誘いの先行連鎖からのやり直しである。これにも十分な理由がある。ユウコが「もう一回いって」欲しいとやり直しを要求している対象となる部分，つまり，ツヨシの06行目の発話「待ってもらおうかな.」は，その前の01〜04行目のやり取りを踏まえたものであり，「何を」待ってもらいたいのかを明示しない発話の形式も直前の連鎖に依存したものである。11・12行目に挿入された，「電波が悪い」ことについての連鎖の後に09行目のユウコのやり直しの要求に応じるとすれば，06行目の発話のみではなく，それが形式においても行為においても依拠する先行連鎖の部分から再開するほうが理にかなっていよう。さらにいえば，01・02行目の先行連鎖がその次に続くものとして予測させるのはツヨシの「誘い」であるが，「待ってもらおうかな.」という発話は昼食への誘いの行為としては幾分あいまいである。実際，14行目以降，誘いの連鎖のやり直しにおいては，そもそもやり直しの対象であったはずの「待ってもらおうかな.」という発話は繰り返されることなく，先行連鎖からすぐに明確な誘い（16・19行目「食べていないんなら食べにいきませんか」）の連鎖へと続く構造となっている。

　以上をまとめてみよう。09行目で，ユウコに直前の発話のやり直しを求められたのに応じて「待ってもらおうかな.」という発話をやり直すという選択肢があったのに対して，実際には，ツヨシは，それまでの連鎖

とは分立する，電波が悪いことについての連鎖を一旦介在させた。それは，電波が悪いことについてのやりとりを，「用件」の連鎖中断の説明として利用しつつ，（中途半端に）中断した元の連鎖を最初からより効率よくやり直すきっかけを得ることができるという意味では，非常に合理的な連鎖修復のやり方であろう。

　これまでの分析から少なくとも言えるのは，音声が途切れるという物理的なトラブルについて言及しつつ，一見無秩序にもとの会話の流れに行きつ戻りつしながら会話を進めているように見える場合でも，相互行為の連鎖は精緻に構造化されており，電話の「用件」の連鎖とチャンネルの不安定に注意を向ける連鎖が，混乱を来たすことなく，1つの順番取りシステムによって制御されている会話として組織されているということである。

5.「電波が悪い」ことをトピック化すること

　［データ1・5］と［データ2・4］では「電波が悪い」ことについての連鎖は，いわば「主流」をなす「用件」の連鎖と区別され，「傍流的連鎖」を構成しながら一つの会話に組み込まれていることを見た。一方，「電波が悪い」ことが会話の主たるトピックとして取り上げられ，「主流」の連鎖をつくっていくこともある。
　次の［データ6］は［データ3］が生起した会話の冒頭部分である。冒頭といっても，会話者の2人は［データ6］に至る前から会話をしており，通話が切れてしまったため，アイコがタクヤにかけ直す（1行目）ことによって通話を再開したという経緯がある。

```
［データ6］（TY 12）
01            ((呼出音。アイコがタクヤにかけ直す。))
02            (5.0) ((雑音))
03   アイコ：  もしもし::?
```

```
04  タクヤ：  >はいはい，はいはい<
05  アイコ：  もしもし::?
06  タクヤ：  <はいはい>
07  アイコ：  ねえねえ　←
08  タクヤ：  うん?
09          (1.5)
10  アイコ：  あたし(.)さ::　←
11  タクヤ：  うん
12  アイコ：  今さ::,切った:?=　←
13  タクヤ：  =うん.
14          (2.5)
15  タクヤ：  うん切った.
16  アイコ：  ほんとに:?
17  タクヤ：  おまえがね.
18  アイコ：  あたし?
19  タクヤ：  おまえがね.
20  アイコ：  あたしが切ったの?
21  タクヤ：  う::ん.
22  アイコ：  まじで?最近ね::切れることが多いの:
```

07行目は，ようやくチャンネルが再開したことを相互に確認できた直後に生起する。［呼びかけ］―［応答］の連鎖（序および第4章参照）が完結したこの位置は，かけ手のアイコが，この通話部分において最初のトピックを提示できる位置として用意されている。しかしながら，アイコはこの順番を「ねえねえ」と再び「呼びかけ」に用いる。（ただし，この呼びかけの仕方は，「もしもし」とは異なり，すでにチャンネルが確立していることが明白な状況で用いられる。たとえば，目の前に居る相手の注意を引いて相互行為に引き込む仕方としては，「ねえねえ」を用いることができよう。しかし，コミュニケーション・チャンネルの不安定な状況でチ

ャンネルの確立を確認するための呼びかけとしては用いられないであろう。）そして，この呼びかけに応じる応答が返された後の順番は，呼びかけた者が何らかのトピックを新たに導入することが期待される。果たして10行目でアイコは何か自分に関わることを話し始めることを明らかにし（「あたし(.)さ::」），12行目で通話が切れたことを「今さ::，切った:?」という質問としてトピック化している。「質問」という形式に対しては，「答え」が返されることが期待され，その期待に沿うべく連鎖が展開されている。以下，［質問］―［答え］の隣接対が繰り返されて，通話が切れたこと（アイコが通話を「切った」こと）についてのやりとりが続く。このデータでは，トピック提示のために用意された位置において，新たなトピック導入を予告する呼びかけ表現（「ねえねえ」）に先行される発話がなされたことによって，通話が切れたことがトピック化され，「主流」の連鎖を構成しているといえよう。

次は同じ電話の会話で，先に見た［データ3］とそれ以降の部分を含むやりとりである。

［データ7］（TY 15）
01 アイコ： もうクリスマス終わるよ:
02 タクヤ： その人の誕生日だからさ::
03 アイコ： え:?
04 タクヤ： （　　　）誕生日だから
05 ((電話が切れる。タクヤがかけ直す。))
06 アイコ： もしもし::?
07 タクヤ： なに切ってんのおまえ．
08 アイコ： ほんっと電波悪くな:い?なんで:なんで:?=私
09 　　　　 じゃないよまじで．
10 　　　　 (4.0)
11 アイコ： ってゆかさ::
12 タクヤ： ［あ:ん?

第5章 「電波が悪い」状況下での会話 —— 95

```
13  アイコ:   [でもさ::あんまり私アンテナの- 伸ばしたく
14           ないのね:この携帯?
15  タクヤ:   うんそれは俺もわ[かるその気持ち.
16  アイコ:                  [ehhhhhhhhh ねえ hh .hh ¥だ
17           からさ::¥ あえてさ伸ばさないで話すんだけどさ:
18           そうするとやっぱ電波悪いのかなこれ.
```

　この部分では，05行目に示してあるように途中で再び電話が切れ，タクヤがかけ直している。06行目で呼び出し音にアイコが応えている。ここでも，すでに会話をしている途中に電話が切れて一方が同じ相手にかけ直しているという状況が生じている。ゆえに，［データ6］の03・05行目と同様，アイコの06行目の「もしもし::?」という上昇イントネーションで発話末尾を延ばす言い方は，呼び出し音の呼びかけに応答することによって再びチャンネルがつながったことを実演しつつ，同時に相手に呼びかけて相手にも自分の声が聞こえているか確認を与えることを求めている。（さらに，この発話は，呼びかける相手が特定的であること，および，相手も自分を特定できることを示している。第4章では「もしもーし」という言い方について論じてあるが，「もしもしー?」という言い方も，仮にこれが家庭に設置された固定電話で，通話が切れてかけ直した際に今まで話していた相手以外の人間が呼び出し音に応える可能性があるとすれば，このような呼びかけの仕方はしないであろう。すなわち06行目のアイコの「もしもし::?」は，双方が携帯電話を用いて話している最中に電波が切れ，同じ相手と通話の再開を試みているという状況に志向した言い方なのだ。）
　06行目の発話に対する07行目のタクヤの順番は，「もしもし」という電話の呼びかけと対をなすような応答の表現（「もしもし」「はい」など）を用いずに，［データ3］の分析で触れたように，少なくとも表面的には相手が故意に電話を切ったものとする非難の行為として構築されている。アイコの06行目の「応答/呼びかけ」の順番の完結と同時に的確なタイミ

ングで自らの順番を開始することによって，また，聞き取りに問題があっ
たことをなん・ら・示さない（つまりやり直しを求めたりしない）ことによっ
て，チャンネルが確立した（相手の声が聞こえた）ことを実演しているも
のの，タクヤの発話は敢えてアイコの呼びかけに応えることをしていな
い。

　実は，タクヤは，チャンネルが再開した後の自分の最初の順番において
非難というフォーマットを用いることによって，たった今生じた「電波が
悪い」ことによるトラブルをトピック化することに成功しているのであ
る。もしここでタクヤが「もしもし」や「はい」などを用いてアイコの呼
びかけに応答することにこの順番を用いたとすれば，次の順番がアイコに
移り，アイコがそれをどのように使うかについては不確定となる。また，
通話が切れるというトラブルを非難というフォーマットでトピック化する
ことにより，次の順番では受け手がその非難に対して何らかの対応をする
ことが期待される。先に見たように，果たしてアイコは次の順番を（やは
り少なくとも形式上は）タクヤの非難に対する応酬として組み立てて，タ
クヤの非難を否定する材料として「電波が悪い」という説明を提示し，電
話が切れたことが自分の意図によるものではないことを主張している。そ
のことによって，アイコは，チャンネルの不安定さに関わるトラブルをト
ピックとすることに応じたとも言える。その後に生じる10行目の4秒の
沈黙は，タクヤが何らかの反応，たとえば，（それが引き続きからかいや
冗談めいたものであったとしても）応酬に対する応酬や，アイコの「電波
が悪い」「私じゃない」という主張に対する同意もしくは非同意を示すこ
とが期待される位置に生じている。長い沈黙そのものが，アイコの08～
09行目の発話に対してタクヤが同意していないことを表しているとも考
えられるが，いずれにしても，タクヤはこの機会を放棄し，アイコにその
後の連鎖を展開する機会を与えている。アイコは11行目で「ってゆか
さ::」という表現を用いて先行部分とのある種の非連続性を標示した上で
（タクヤが反応するべき位置で自分が順番を開始すること，および，その
順番はタクヤの非同意とも解釈される行為に直接呼応するものではないこ

とに志向したものであろう.)「アンテナ」の話を開始する.結局のところこの話題も「電波が悪い」ことと関連していて(18行目「そうするとやっぱ電波悪いのかなこれ.」),しばらく連鎖展開の軸となるのである.

6. おわりに

本章では,チャンネルが不安定な中で会話する者が,明示的にチャンネルが不安定であることに言及する行為に注目した.チャンネルが不安定であるという事態は外的・物理的干渉であるにもかかわらず,そのことに言及する行為は相互行為の中で組織され,行為連鎖の構築の資源となって,会話という実践の中に埋め込まれていることを観察できた.ここでは限られたデータを対象とした分析を提示したのみで,より広範なデータベースを用いて現象を追い,実証的な分析を積み重ねていく必要がある.しかしながら,ここで示した例から,チャンネルが不安定な「状況」がいかにして社会的相互行為の中に組み込まれていくか,その過程の一端を垣間見ることができたとすれば,そうした分析の蓄積の第一歩として意味のあることだと考えたい.会話はすべて具体的実践的状況の中で行われ,会話の当事者はきわめて微細なレベルにわたってその具体性と実践的文脈に志向している.わたしたちがいかにして会話を成立させているかという問題への真摯な取り組みは,個々の実践を丁寧に見ていくことから始まるのだ.

第6章

居場所をめぐるやりとり
——ユビキタス性のコミュニケーション

1. はじめに

　携帯電話は，固定電話と違い，「いつでも」「どこでも」というユビキタス性が特徴と言われる。ほかにも，携帯電話の特徴として，電話番号通知システムや登録により，常に通話相手がわかっている，電波が通じているという確認が必要なことなどがあげられる。だが，固定電話では決しておこらないという意味では，やはり携帯電話の最大の特徴は，ユビキタス性にある。本章では，居場所をめぐるやりとりの分析をつうじて，このユビキタス性が，どのような問題や課題を生じ，どのような手法を用いて，使用者がそれを解決し利用しているかを明らかにする。

2. 居場所を特定する会話

　携帯電話のユビキタス性を利用した，典型的な使用法として，待ち合わせ場面において，相互の到着や居場所を確認する場合がある。たとえば［データ1］のようなものである。

［データ1］（待ち合わせ）
状況：待ち合わせの場面。かけ手は大学の第二食堂の前で待ってお

り，相手がどこにいるのかを確かめるため電話をした。
((呼び出し音))
01 受け手： もしもし
02 かけ手： もし いまどこにいんの いま
03 受け手： いま経済棟 どこにいる
04 かけ手： あ もう ついたよ あれ
05 受け手： あ ついた
06 かけ手： 二食
07 受け手： あ 本当 じゃ いまいく あのさ トイレ 行って
08 　　　　　いい
09 かけ手： あはは
10 受け手： トイレ行ってから行っていい あはは
11 かけ手： イクチン 寒いよ
12 受け手： あ やっぱりいいや
13 かけ手： え 待って
14 受け手： いくいくいく
15 かけ手： 中 中 中入って どっか じゃあさぁ 待ってるよ
16 　　　　　どこがいいかな
17 受け手： あ ちょっと待って んん もういい もういい
18 　　　　　なんか トイレ混んでいるから行く
19 かけ手： あはは わかった
20 受け手： どこに どこにいる
21 かけ手： いま あの 自販機のあるところの前
22 受け手： あ いたいた
23 かけ手： わかった
24 受け手： あ わかったわかった
25 かけ手： はい じゃあねー
26 受け手： はいよ
27 かけ手： ばいばーい

28　受け手：　はいはい　はいはい
（このトランスクリプトは，簡易的なものであり，音調，音の重なり，間などは記述していない。）

　この会話では，かけ手が「どこにいんの　いま」と受け手の居場所を確認し，これに対して受け手は「いま経済棟」と答えてから「どこにいる」とかけ手の居場所確認をおこなっている（02-03行目）。さらに10行目で，受け手は「トイレ行ってから行っていい」と猶予を申し出，かけ手はそれに対して15行目で「中入って…（中略）…待ってるよ」と，待ち合わせ場所の変更を提案している。さらに18行目で受け手は「なんかトイレ混んでいるから行く」と，最初の申し出を取り下げた。
　上記の会話の成立基盤は，「いま」本人がそれぞれいる「ここ」で会話がおこなわれているという，電話携帯者のそれぞれの身体が存在している時間と場所が常に即応していることにある。いまどこにおり（かけ手が二食，受け手が経済棟）何をしているのか（かけ手が待っている，受け手はトイレあるいは二食に行こうとしている），が会話の前半部分の話題であり，さらにいま何をするか（かけ手は中にはいって待つか，受け手は用を足すかそのまま行くか）の相互交渉，移動しながらの待ち合わせ場所のより細密な特定（自販機の前）が，この会話の後半部分の話題である。このような会話は，会話者がその瞬間にいる場所や状況・これからの予定・意志・判断などを報告・交渉するというものであり，電話がつねに身体とともに移動しているという，携帯電話のユビキタス性ゆえに成り立っている。
　携帯電話では，固定電話と異なり，相手がどこにいるかは不明である。固定電話は電話の設置場所は特定の施設内であり，電話番号は特定の施設にある電話に割り振られている。他方，携帯電話は特定の場所と結びついてはいない。しかし，電話が相手とともにある，すなわち相手が電話をしている場所にいるということはわかっている。そこで，電話をつうじて，相手がいる場所を特定するということがおこなわれることになる。

3. 居場所以上のやりとり

　一見居場所を尋ねる質問に対して，居場所ばかりでなく，それ以外の情報が答えとして示されることがある。以下のデータをみてみよう。

［データ2］（S7）
状況：電話をかける前に一緒にいたが，受け手が二食に行くといったままなかなか帰ってこなかったので，電話した。
01　受け手：　もしもし
02　かけ手：　どこまで行ったの
03　　　　　　（.）
04　受け手：　え∷いま二食で金下ろしていまから行く
05　かけ手：　え∷(0.2)今日(.)靴下はいてる?
06　　　　　　（.）
07　受け手：　>はいてるよ<
08　かけ手：　ああ：そう,わかったへへ.
09　受け手：　えまだ教養棟いるでしょ?

　［データ2］の会話も，相手の居場所を確認するための電話によるものである。電話のベルに応答した受け手の「もしもし」に対して，かけ手はすぐ02行目で「どこまで行ったの」という受け手の現在の居場所を聞く質問をしている。これに対して受け手は，「え∷」と躊躇し，「いま二食で金下ろしていまから行く」と，二食という居場所だけでなく，何をしているのか，これから何をする予定かを答えている（04行目）。これは，ただ居場所だけを答えた場合，次に，なぜまだ帰ってこないのか，という趣旨の質問がくることを受け手が予想したため，かけ手から質問を先取りして，いまの状況を説明したと思われる。あるいは，受け手は，02行目のかけ手の「どこまで行ったの」を，「なぜまだ帰ってこないの?」という

非難を含んで受け取ったかもしれない。いずれにせよ，その結果，ここでは場所の特定作業は，自分の居場所の特定以上の答え，すなわち状況説明を引き出している。

4. 状況説明という応じ方

［データ2］は，受け手が二食に行くといったまま，なかなか帰ってこないので，どこにいるのかを聞くという，そもそも場所の特定を目的とした会話である。しかし，場所を聞くという目的とは無関係の会話にも，居場所を聞く発話はしばしば登場する。

［データ3］（S 5）
状況：かけ手が録音。かけ手は家に一人でおり，受け手を遊びに誘おうとしていた。受け手は友人宅で将棋中。事前にメールでの連絡はなし。

```
01  受け手： >もしもし<
02  かけ手： もしもし
03          (0.6)
04  受け手： は:い.
05  かけ手： いまどこにいんの?
06          (1.0)
07  受け手： いま↑将棋うってるから:忙しいから,>ちょっと終った
08          らね.<
09  かけ手： ¥将棋↑うってる:?¥
10          (0.6)
11  受け手： うん
12  かけ手： さんぺいんち?=
13  受け手： =いま(.)いま王手だから王手
14  かけ手： ¥おわ::.h なにそれ?¥
```

||| 15 受け手：　うん，
||| 16 かけ手：　まじ [：
||| 17 受け手：　　　[>だから<いまちょっと忙しいから

　[データ3]の電話は，居場所を聞くためにかけられたものではない。しかし，かけ手は，用件にはいる前に，05行目で「いまどこにいんの?」と相手の居場所を聞いている。それに対する07行目の受け手の答えは，自分の居場所ではなく，いま何をしているかの説明（将棋をうっている），さらに，いま話せる状態にない（忙しい）という状況の説明となっている。

　受け手が自分のいる場所を答えずにいま何をしているか，どういう状況にあるかを説明するという応じ方をしたのは，なぜだろうか。いま話せないので質問を無視して，自分の状況を説明したのだろうか。しかし，かけ手の「いまどこにいんの?」（05行目）に対して，受け手は07行目で「いま」と，相手の質問の最初の部分を繰り返している。したがって，その後の「将棋うってるから：忙しいから，>ちょっと終わったらね<」は，無視しているのではなく，やはりかけ手の質問に対する答えと考えられる。かけ手も，受け手の「将棋うってるから：」に対して「¥将棋↑うってる：?¥」と応じている（07-09行目）。

　後述する[データ4]と[データ5]でもみられるように，居場所を聞く発話は，しばしば文字通り質問に対応した居場所の答えをひきだすわけではない。この「いま↑将棋うってるから：忙しいから，>ちょっと終わったらね<」という状況説明も，居場所の答えを避けるという以上の意味をもっている。

　詳しく検討しよう。受け手はなぜ居場所を答えなかったのだろうか。もしこの質問が受け手の居場所を聞くだけのものなら，「いまどこにいんの?」に対して「○○の家」で答えが完結し，「じゃあまたね」で会話が終るはずである。こうした会話で終らないのは，この「いまどこにいんの?」が，相手の居場所を聞いているだけではないからである。受け手は居場所

を答えただけでは会話が終了しないこと，すなわちかけ手がその後にやりとりを続けることを想定しているとわかったからこそ，「忙しいから，>ちょっと終わったらね<」と，連鎖を断ち切る発話をしたと考えられる。すなわち，受け手の「いま↑将棋うってるから:」は，「いまどこにいんの?」(05行目) という発話に対する答えであり，その後の「忙しいから，>ちょっと終わったらね<」(07行目) は，受け手のいる状況を説明し，かけ手のそれ以後続くはずの連鎖を終了させる提案となっている。

つまり，05行目の「いまどこにいんの?」は，かけ手がこれから会話を続けてもよいかどうかを受け手と交渉する役割を果たしている。もし，この「いまどこにいんの?」という質問がなく，かけ手がそのままその後に続くはずの用件を先に話してしまったら，受け手は，遊びの誘いに対して何らかの返事をしなければならないことになり，会話そのものを終了する提案をすぐにすることはしにくくなる。相手を直接遊びに誘うまえに「いまどこにいんの?」と聞くことによって，相手が会話できない状態であるとき，相手に会話をやめる機会を与えているのである。

他方で，この「いまどこにいんの?」は，「いま話せる?」という発話とは少し異なる。かけ手は，受け手が「いま↑将棋うってるから:忙しいから，>ちょっと終わったらね.<」と言ってもすぐに電話を切ってはいない。かけ手が会話を続けたため，受け手は再度「いまちょっと忙しいから」と言わざるをえなかった。したがって，かけ手は，あくまでも相手を誘うという用件を切り出す導入として発話しており，たんに電話を続けてよいかどうかを確かめようとした発話ではない。「いまどこにいんの?」は，かけ手が受け手を遊びに誘えるかどうかを探る役割も持っているのである。

このように，このデータでは，居場所をめぐるやりとりは，居場所の特定というよりも，後に続くやりとりを想定した導入として組織されている。この導入は，二重の形でおこなわれている。一つは，会話を続けてよいことを確認すること，もう一つは，用件を切り出すことが受け入れられるかどうかを確認するということである。

5. 導入の連鎖

居場所をめぐるやりとりが組織する連鎖をより詳しく検討するために，同じく場所を聞くことを目的としていない［データ4］をみてみよう。

［データ4］（S6）
状況：かけ手が録音。かけ手は一人で家におり，受け手を遊びに誘おうと連絡を取るために電話をした。メールでの事前連絡なし。またデータを取ることは事前に伝えていない。
01　受け手：　もしもし．
02　かけ手：　あっもしもし（1.0）あの，今日って家にいる？
03　受け手：　いまおれブックマーケットいるけど？
04　かけ手：　ブック(.)バイトは？
05　　　　　　(0.8)
06　受け手：　ない,(.)今日はない,なくなった,うん．
07　かけ手：　じゃひまだね．
08　受け手：　うん．
09　かけ手：　じゃちょっと(.)遊びにいっていい？

02行目の「あの,今日って家にいる？」という質問に対して，［データ3］の07行目の「いま↑将棋うってるから:忙しいから,>ちょっと終わったらね．<」という答えを想定してみよう。これでも，やりとりとして成立することがわかる。すなわち，［データ3］と同様，02行目の「あの,今日って家にいる？」という居場所を聞く発話は，受け手が会話を続けられないとき，いまの会話を終了するための機会を与えている。

しかし，この会話では，終了の提案ではなく，受け手は，「いまおれブックマーケットいるけど？」と答えている。かけ手の「あの,今日って家にいる？」という，将来の居場所に関する質問に対して，受け手は，「いまお

れブックマーケットいるけど?」と、いま自分がいる居場所について答えているのである。内容的には、受け手はかけ手の質問に答えていない。すなわち、居場所を特定するやりとりにはなっていないのである。

それでも［データ4］は将来の居場所の問いに対する現在の居場所を答えており、一応は居場所のやりとりになっているではないかという見方もあるだろう。そこで［データ4］をもう少し詳しくみてみよう。受け手の「いまおれブックマーケットいるけど?」という答えに対してかけ手は、「ブック(.)」とブックマートを繰り返そうとして言いよどんだ後、「バイトは?」と聞いている（03-04行目）。これは、かけ手が、アルバイトをしていることを知っており、ブックマーケットにいることを不審に思って質問していると考えられる。その後の受け手の「今日はない, なくなった」からも、受け手が普段はアルバイトをしていることは明らかである。

そこで、受け手が、なぜ「いまおれブックマーケットいるけど?」と、いま自分がいる居場所について答えたのかがわかる。まず、受け手の「いまおれブックマーケットにいるけど?」の「けど?」は、その後続く言葉を省略した質問形になっている。「けど、なに?」というような相手の会話を促す質問である。受け手は、かけ手が、なんらかの他の目的のために、質問していることを知っていて、その目的を聞き出そうとしているのである。「いまブックマーケットいる」というのは、かけ手がこの「けど?」に答えるときに役立つ、あるいは手掛かりになる情報の提供なのである。

受け手は、かけ手が（その日は）アルバイトしているという生活パターンを知っていることを知っている。したがって、いま、自分が何をしているのかをいえば、かけ手は、受け手の、今日一日の生活についてだいたい予想できるということを知っていた。いまブックマーケットにいるということは、アルバイトがないということであり、それは、ひまがあるということを意味している。この答えからみると、「今日って家にいる?」は、文字通りの将来の居場所の質問ではなく、相手の予定を聞く質問であり、受け手は、それに答えたのである。

このように、「今日って家にいる?」「いまおれブックマーケットにいる

けど?」という居場所をめぐる会話は，居場所のやりとりの形をとりながら，実際には，相手の都合を聞くやりとりとなっている。聞くほうも聞かれるほうも，受け手の生活パターンを共有の知識とし，この，一見居場所を聞く発話が，ほかの用件のために相手の都合を聞くやりとりであることを理解して，やりとりをおこなっているのである。

居場所についてのやりとりは，しばしば，かけ手が，受け手の居場所を特定する作業というより，相手の都合を聞くというかたちで，あとで話題になるであろう用件のやりとりに対する導入となっている。したがって，実際に居場所を答えるかどうかは問題ではない。受け手が会話を続け，続く用件の連鎖への導入を受け入れ，そのやりとりに入っていくかどうかについて，応じることが適切となる。このように後に続く連鎖の導入となる発話とそれに応じる発話を「導入の連鎖」と呼ぶことにしよう。

6．会話の開始

会話を続けてよいかどうかは，通常，会話の最初に確認されるものである。では，居場所を聞く発話と，会話の開始はどのような関係にあるのだろうか。

そもそも，［データ3］や［データ4］のかけ手たちは，なぜすぐ用件を切り出さずに，居場所を聞くやりとりを開始したのだろうか。［データ3］を振り返ってみよう。受け手の最初の「＞もしもし＜」はベルへの応答，これに対するかけ手の「もしもし」は受け手の応答が早口だったので，再確認をしたと考えられる。これに対して受け手は「は:い」と「は」を伸ばして答えている。最初の「＞もしもし＜」も「は:い」も，通常の「もしもし」「はい」とは異なることで異質性を示す標識（marker）を含んでいる。かけ手の「いまどこいんの?」は，これに対応してなされていると思われる。つまり，かけ手の「いまどこにいんの?」は，こうした受け手の通常とは異質な発話の始まりに対応して発せられている。

［データ4］の，かけ手の「あっもしもし (1.0) あの」も，1秒間の沈

黙があり，通常の「もしもし」ではない異質な始まりとなっている。

　すなわち，次のようなことが考えられる。第1に，携帯電話での会話の始まりにおける応答や挨拶の交換で，どちらかが，早口，引き延ばし，間，「あっ」など異質性を示す標識を用いたとき，直接用件にはいる前に，居場所を聞く質問が用いられることがある。そして，第2に，その質問に対する隣接対となる答えは，必ずしも内容的にはその質問に対する直接の答えではないという場合がある。つまり，こうした場合の居場所をめぐるやりとりは，居場所の特定ではなく，相手の状況を確認し，会話の開始から次の連鎖に入るための導入の連鎖として組織される場合がある。

7．導入の連鎖の表われ方

　では，このような導入の連鎖が，どのような形で表われるのか，ほかのいくつかのデータでみていこう。「データ5」と「データ6」は，ともに，一緒に帰ることを誘うためになされた会話である。

［データ5］（K11）
（ベルなし）
01　受け手：　もしもし
02　かけ手：　もしもし
03　受け手：　あ↑おい
04　かけ手：　いまどこにおる:?
05　受け手：　いまね:いちさん-ここどこだっけ ehehe いち-いち
06　　　　　　さんいちにいるよ(.)
07　かけ手：　あっいちさんいち?
08　受け手：　うん
09　かけ手：　いまさロビーにおるからさ:
10　受け手：　>うんうん<
11　かけ手：　一緒に帰りませんか:?

```
12  受け手：  うんおねがいします nuhu
13  かけ手：  はい
14  受け手：  じ[ゃあ
15  かけ手：     [じゃあ車で帰ろうね
```

［データ６］（K 10）
（電話の途中から）
```
01  さつき：  うんとね：いま授業終わったから：いまみどちゃんどこ
02          にいる？
03  みどり： あっほんと？
04  さつき：  うん(1.5)一緒に帰ろう
05  みどり： あっうん(.)帰ろ::
06  さつき：  じゃあいま(.)どこにいる？
07  みどり： ううんとねいま教室の中
08          (0.8)
09  さつき：  あほんと::ならいまから行くわ
10  みどり： あっはい uhuhuhu
11  さつき：  ¥じゃあね：¥
12  みどり： うんじゃあね：
```

　［データ５］は，呼び出し音に対する「もしもし」の応答に対して，かけ手が「もしもし」と再度呼びかけ，それに対する「あ↑おい」で始まっており，異質性を示す標識を含んでいる（01-03 行目）。
　［データ５］では，04 行目のかけ手の「いまどこにおる：？」という質問に，受け手は，「いまね：いちさん-ここどこだっけ ehehe いち-いちさんいちにいるよ」と自分のいまの居場所を答えている。しかし，これはたんに居場所を聞いただけではなく，その後のやりとりに続いている。受け手の「いまね：いちさん-ここどこだっけ ehehe いち-いちさんいちにいるよ」に対するかけ手の「あっいちさんいち？」，「いまさロビーにおるから

さ:」は，受け手のあいづちをはさんで，「一緒に帰りませんか:?」という
かけ手の用件につながっている（05-11 行目）。

　内容的には，かけ手の「いまどこにおる:?」という質問とそれに対する
答えを省いても，その後のやりとりに影響はない。つまり，受け手の居場
所は，情報としてその後の会話に影響を与えてはいない。むしろ，04 行
目の「いまどこにおる:?」という質問は，その後の「一緒に帰りません
か:?」という用件にいたる導入の連鎖を開始している。

　このように，居場所を聞く発話は，誘いを切り出す前になされる連鎖を
構成しており，たんに居場所を聞くだけでなく，かけ手が用件を円滑に伝
え，受け手にそれに反応する準備を与える役割を果たしているものと思わ
れる。この場合，居場所を聞く発話は，これからかけ手が，用件を切り出
そうとしていることをも示唆している。

　これに対して，受け手の答えは，用件を持ち出されることへの，受け手
の受け入れを示している。［データ 5］の 05-06 行目の居場所の回答「い
まね:いちさん-ここどこだっけ ehehe いち-いちさんいちにいるよ」や，
08 行目，10 行目のあいづち「うん」「>うんうん<」は，受け手が会話を続
け，そのまま予定通り用件をきりだす発話をおこなうよう促すやりとりを
組織している。

　他方，［データ 6］では，居場所を聞く発話は，2 回おこなわれている。
01 行目の質問で，さつきは，「いま授業終わったから:」に続いて用件を
切り出してもよかったが，その前に，居場所を聞く発話「いまみどちゃん
どこにいる?」をおこなっている。これに対して，みどりは，居場所を答
えずに「あっほんと?」と応じている（03 行目）。これは，発話の最後に
位置する居場所に対する質問に対してではなく，その直前の「いま授業終
わったから:」に対応するものだ。

　みどりは，居場所を答えず「あっほんと?」と，その前の話題に反応し
たが，さつきは居場所を再度聞くことはせずに，「一緒に帰ろう」という
用件を切り出している（04 行目）。その後でまた居場所を聞いている。居
場所を聞くのはあとでもよかったのである。にもかかわらず，「いま授終

わったから:」という文を最後まで終らせずに,わざわざ「いまみどちゃんどこにいる?」という居場所を聞く発話をおこなったのは,本来「いま授業終わったから:」の後に続いたはずの誘いを切り出すことを念頭においた導入だったと考えられる。

　[データ6]では,「あっほんと?」と相手がその前の発話に反応することで,会話が続けられただけでなく,より早く用件を切り出すよう促している。ここでは,みどりが直接居場所の質問に答えず,その直前の「いま授業終わったから:」に「あっほんと?」と応じたことが,(いま授業終わったから)「一緒に帰ろう」という用件の発話を促す効果をもたらしたといえる。

　このように,居場所をめぐるやりとりは,いきなり用件を切り出しにくいときなどに,相手の都合を聞く,導入の連鎖を組織している。導入の連鎖は,後続の連鎖を想定した前置き部分として用件を切り出しやすくする。これは,誘いや依頼をするときのように,明確にその後の連鎖の内容が共有されている先行連鎖をなす場合もある(先行連鎖については第5章参照)。[データ5]でも,かけ手と受け手は後に誘いのやりとりがあることを前提として09行目から10行目のやりとりをおこなっている。しかし,次節に述べるように,想定される後続の連鎖の内容が,それほど明確に共有されない導入もある。

8. 用件のない導入

　居場所を特定せず,また会話の終了の提案や用件も切り出されない,居場所をめぐるやりとりをみてみよう。

```
[データ7](おばあちゃん昼休み)
((呼び出し音))
01  受け手：　もしもし
02  かけ手：　もしもし?おば[あちゃん?
```

```
03  受け手:              [はい
04                       はい:
05  かけ手:    あいですよ
06  受け手:    はいはい,今日,あんたどこ-いまどこよ?=  ←
07  かけ手:    =いま,お昼休み
08                       (0.8)
09  受け手:    あ,学校か:?
10  かけ手:    うんうん.そうそう.
11  受け手:    お:
12                       (1.4)
13  受け手:    そうか:もう,ごはん食べたん?
14  かけ手:    うん.食べたよ:
15  受け手:    あ:
16  かけ手:    うん
17  受け手:    昨日,バイト行ってきたん?
18  かけ手:    うん,行ってきた
```

　このやりとりでも,受け手の「今日,あんたいまどこよ?」という居場所を聞く発話に対して,かけ手は「いま,お昼休み」と,時間,あるいは自分の状況を答えている。

　この会話では,居場所を聞いているのはかけ手ではなく,受け手のほうである。しかし,受け手は質問はするものの,用件を切り出したり,自ら話をすることはしない。また,かけ手も,特に話題を提供していない。11行目の受け手の「お:」のあとの沈黙でも,受け手に順番をとらせているし,14行目の「うん.食べたよ:」もかけ手は答えただけで新しい話題は出していない。16行目に順番をとったときも,「うん」とあいづちをうっただけである。このやりとりでは,受け手もかけ手も特に用件や話題がないようにみえる。では,ここでの居場所を聞く発話は,導入の連鎖とは無関係なのだろうか。

会話の最初からみてみよう。このやりとりでは，始まりの「もしもし」という応答の後，かけ手はもう一度「もしもし?」と呼びかけ，さらに「おばあちゃん?」と相手を名指して呼びかけている（01-02行目）。また03行目の受け手の「はい」は，かけ手の呼びかけとオーバーラップしている。かけ手はさらに「あいですよ」と名乗り，受け手は「はいはい」と応えるなど，始まりの呼びかけと応答に多くの時間を費やしている（05-06行目）。かけ手は電話をかけ，相手の声を聞いた時点で，相手がおばあちゃんであることは知っているはずであるが，どうしてこのような始まりの「呼びかけ―応答」のやりとりが何回もおこなわれているのだろうか。

シェグロフは，アメリカでの電話の開始について，当人たちの互いの認識がいかに達成されるかについて論じている（Schegloff, 1986）。呼び出し音の後，最初に受け手が応答する。その次のかけ手の発話について，以下のことが言われている。「かけ手は，受け手の『声標本』から受け手が誰か認識できれば，その認識を明らかにする。もしくは，認識したことを主張する。…（かけ手が）認識のための十分な情報を多く提供するよりも，最低限の資源で認識が達成されるほうが優先される。最低限の資源は，単なる挨拶表現であることもあるし，〈挨拶＋呼びかけ表現〉のこともある。…かけ手は，声標本および呼びかけ表現などから受け手が自分を認識してくれるチャンスを開いておいたにもかかわらず，受け手が自分を認識してくれないならば，自分で名乗ることになる」（西阪2000から引用。括弧は筆者）。携帯電話の場合，名乗りによって，この認識作業がおこなわれることはあまりない（第4章参照）。だが，この会話は，携帯電話から固定電話にかけたもので，固定電話では番号登録あるいは表示がなされていない可能性があることから，このやりとりにおいて，相互の認識を達成しているのだと考えられる。

この会話では，呼び出し音後のかけ手の最初の発話において，「もしもし?おばあちゃん?」と，呼びかけ表現を用いている（02行目）。ここで，かけ手は，受け手が認識できるよう，十分なチャンスを開いた。しかし，それに続く受け手の応答「はい」は，かけ手を認識したという手掛かりを

与えていない。そこで，かけ手は自ら「あいですよ」と名乗った（05行目）。では，その次の6行目，受け手の「はいはい,今日,あんたどこ,いまどこよ?」は何だろうか。ここで，注意すべきなのは，01行目から05行目までの会話で，受け手からは，かけ手を認識したという主張がまったくなされていないということである。06行目で「はいはい,」に加えて「今日,あんたどこ,いまどこよ?」という居場所を聞く発話をすることで，受け手がかけ手を認識したと，より明示的に主張している。つまり，この会話では，居場所を聞く発話は，相手の認識の主張になっているのである。

しかし，おそらくそれだけではない。認識を明示的に主張するだけなら，相手の名前を呼ぶなど，他の発話でも代替できるからである。もう一度06行目から13行目をみてみよう。

```
06  受け手：  はいはい,今日,あんたどこ-いまどこよ?=
07  かけ手：  =いま,お昼休み
08           (0.8)
09  受け手：  あ,学校か：?
10  かけ手：  うんうん.そうそう.
11  受け手：  お：
12           (1.4)
13  受け手：  そうか：もう,ごはん食べたん?
```

11行目の受け手の「お：」のあと1.4秒と比較的長い沈黙があり，「そうか：もう,ごはん食べたん?」と話題が変わっている。この沈黙は，受け手が，かけ手が話の順番をとることを期待したゆえにおこったものと考えられる。電話は，かけ手が用件があってかけることが多い。この電話でも受け手は，かけ手が何らかの用件があって電話したものと想定したのではないか。06行目から10行目のやりとりでは，かけ手が順番を得た07行目と10行目，かけ手・受け手どちらも順番をとらなかった12行目の沈黙と，3回にわたって，かけ手は用件を切り出す機会をえている。受け手

は，かけ手に順番を頻繁に与え，かけ手から話題が提供されることを待っているのだ。

これは，受け手の側が，かけ手がなんらかの特別な告知・依頼などの用件を切り出すことを予測して，やりとりをしていると考えられる。しかし，この場合も，あいづちの応酬と沈黙で終わり，結果的に，受け手の発話に続いてかけ手からの用件の連鎖が組織されることはなかった。また，それによって，かけ手は特に用件はないことを伝えたことになったのである。

このようにみると，ここでの居場所を聞く発話も，かけ手が用件や話題を切り出しやすくし，それを促す導入の連鎖を組織する発話だったと考えられる。

導入の連鎖は，特に受け手から開始されるとき，かけ手が会話をしようとしてかけてきたことは明らかであるから，会話を続けるかどうかの確認の効果は持たない。また，かけ手が用件を切り出さないなどによって，結果として，その後に続くと想定された連鎖につながらない場合もある。しかし，居場所を聞く発話は，会話の開始後，用件や話題の連鎖にすぐにはいらず，相手の状況を聞くことにより，用件や話題の連鎖にはいりやすくする導入としての役割を，やはり果たしているのである。

9．おわりに

携帯電話はいつでも，どこでも，というユビキタス性を特徴としている。そしてこのユビキタス性が携帯電話の使われ方ばかりでなく，その会話に携帯電話ならではの特徴を生じさせている。携帯電話は，身体とともに移動するため，相互の身体のありかを特定することができる。このことは，逆にいうと，会話で特定しあうまでは，お互いに，いま，どこにいるかわからないという問題をも生じている。そこで，携帯電話では，常に相互の居場所をめぐるやりとりがなされる可能性が開かれている。携帯電話のユビキタス性という特徴によって，待ち合わせの際の電話でなくても，

いま，どこにいるのかを聞くのは，話題としてありうる，自然なことなのだ。

実際，携帯電話においては，相手の居場所を知ることが重要でない会話においても，しばしば居場所をめぐるやりとりがなされる。本章では，このような居場所をめぐるやりとりがどのようになされ，会話のなかでどのような意味をもっており，何を達成しているのかを検討した。

居場所を聞く発話は，最初の呼びかけや挨拶の乱れなどに示されるような，用件のやりとりにすぐに入れないことが示されたときに用いられていた。そして，それへの答えは，会話を続けることの確認や拒否，そのさきの用件をめぐるやりとりに入ることへの受け入れや，促しなどを表示していた。居場所を聞く発話とそれに対する答えは，たんに居場所を特定するのではなく，それ以降の会話のやりとりを円滑に組織するための導入としておこなわれていたのである。

技術や道具の変化が社会を変えるとよく言われる。しかし，モノが社会を実際どのように変えているのかについては，歴史的生活変化の研究が多く，微細なコミュニケーションレベルでの研究は少ない。人と人をつなぐメディアの物理的な特性の変化は，いつでも，どこでも使えるようになったというような電話の用いられ方ばかりではなく，電話を用いている人々の会話の組織の仕方をも変えている。本章のデータ分析からわかるように，いつでも，どこでも，は，新しい会話のやりとり，すなわち新しいコミュニケーションの作法をも生みだしている。

第7章

携帯メール
──「親しさ」にかかわるメディア

1. はじめに

　この章では，通話以外の携帯電話の主要な機能であるメール（携帯メール）を取り上げる。特に大学生における携帯電話の利用については，以前から，その利用が「親密な関係」と結びついていることがさまざまなデータから指摘されてきた（辻・三上, 2001, 中村, 2003 など）。本章では，その「親しさ」を所与のものとして携帯電話が利用されていると考えるのではなく，逆に，そのような「親しさ」そのものが，携帯電話のコミュニケーションに関わる参与者の具体的なふるまいと手続きによってどのように達成されているかを見ていく。

　まず，携帯電話でのメールのやりとりが置かれている状況について確認したあと，それについて従来の研究が，いかなる形でそこに「親しさ」というものを見てきたのかについて見ていく。次に，メールを日常的な経験として作り上げているコミュニケーションの基層的な部分が，日常の会話と同じように，人々の具体的なふるまいを通じたやりとりによって構成されていることを確かめる。その上で，実際の携帯メールにおけるコミュニケーションを見ていきながら，そうしたやりとりが，「親しさ」に向けられていく可能性を，やりとりそのものの構成に基づいて明らかにしていく。また，通話とメールにおける利用形態や使い分けの状態を見ることに

よって,「親しさ」がコミュニケーションの文脈として構成されている様子についても見ていきたい。

2. 携帯メールと「親しさ」

2.1. 携帯電話における「親しさ」

　携帯電話の利用に関しては,「パーソナル化」という傾向が従来から指摘されてきた。すなわち, 従来は主に仕事を中心に利用されてきたものが, 1990年代後半からの急激な普及によるユーザー層の低年齢化と拡大で, 私的なもの中心に変化してきたのである。

　2000年の時点で, この傾向は定着しており, 携帯電話の利用相手は家族に加えて「普段よく会う友人」など,「親しい人たち」(東京大学社会情報研究所編, 2001) との利用が中心になっていた。

　特に携帯メールの場合は, 仕事上の関係よりも, 私的な関係における利用が特に多くなっている。その傾向は2005年に首都圏で行なわれた図1の調査結果においても強く現れている (モバイル社会研究所, 2005)。

　また, 利用内容としても, 携帯メールでやりとりされるものは, 同じ調査における図2の結果のように, 仕事関係の連絡が少ないのに対して,「身の回りの相談」や「ちょっとした気持ちの伝達」などが多い。このことから, 単なる私的空間での利用というよりも, さらに「極私的空間」ともいうべきプライベート性の強いところについて, 利用がなされていることが指摘できる。

　以上から, 携帯電話が「親しい関係」に関わるものとして人々に理解されており, 実際にそのようなものとして利用されていることが確かめられる。

第7章 携帯メール——*121*

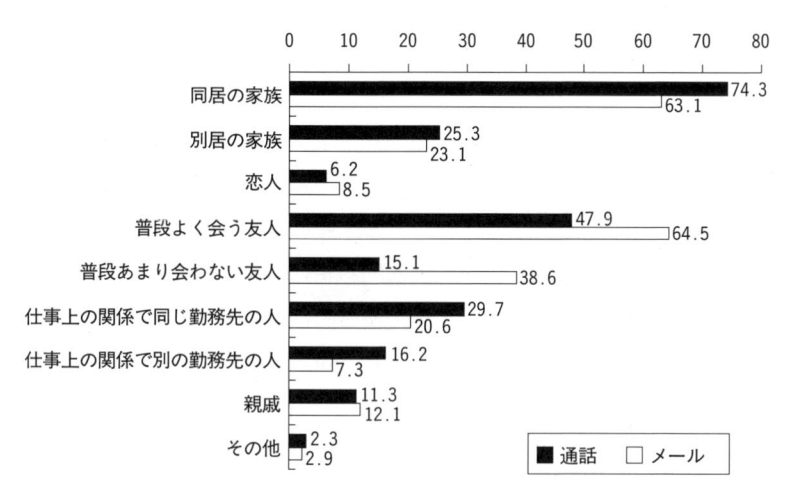

図1 携帯電話の利用相手（n＝621，複数回答，モバイル社会研究所，2005より）

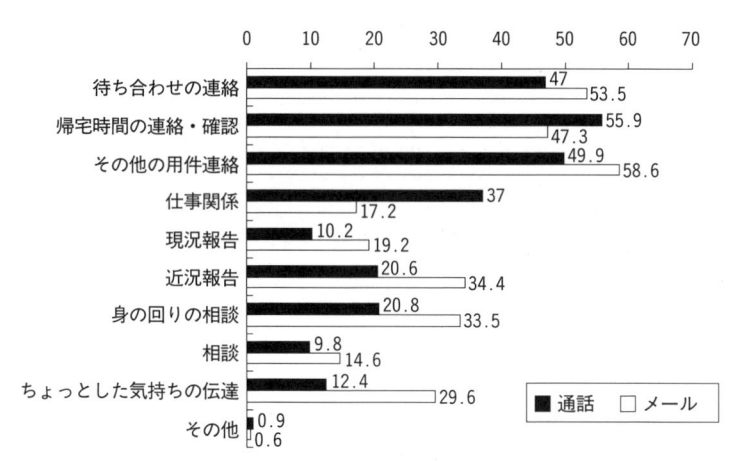

利用相手	通話	メール
同居の家族	74.3	63.1
別居の家族	25.3	23.1
恋人	6.2	8.5
普段よく会う友人	47.9	64.5
普段あまり会わない友人	15.1	38.6
仕事上の関係で同じ勤務先の人	29.7	20.6
仕事上の関係で別の勤務先の人	16.2	7.3
親戚	11.3	12.1
その他	2.3	2.9

図2 携帯電話の利用内容（n＝621，複数回答，モバイル社会研究所，2005より）

利用内容	通話	メール
待ち合わせの連絡	47	53.5
帰宅時間の連絡・確認	55.9	47.3
その他の用件連絡	49.9	58.6
仕事関係	37	17.2
現況報告	10.2	19.2
近況報告	20.6	34.4
身の回りの相談	20.8	33.5
相談	9.8	14.6
ちょっとした気持ちの伝達	12.4	29.6
その他	0.9	0.6

2.2. 携帯メールに表れる「親しさ」

　それでは携帯メールが，こうした「親しさ」に関わるものとしてなぜ理解されているのだろうか。

　太田によれば，メールには，特定の状況下で使用される特定の言語形式があり，その性質が「よそよそしくない……適度な人間のぬくもりのある情報伝達」を感じさせるという。これを実際のメール内容について分析した中村によれば，感動詞の多用や俗語的表現，助詞の省略などの話しことば的な表現のほか，音調的要素や擬態語など，感情的な表現の軽佻さ，さらに絵文字などのグラフィカルな表現が携帯メールには多く見られることが指摘されている（中村，2005）。

　以上をつぎの例で確かめてみよう。

　［データ1］（中村，2005より）
　01 今バイト終わったよ。うん大丈夫(^_^)☆元気になった！
　02 ありがとーーっ◎

　上記の［データ1］ではたとえば，01行目の「バイト終わった」のように，助詞が省略されており，02行目の「ありがとーーっ」というところに長音として「表現の軽佻さ」が現れているという。

　このような形式の前提となる特徴として，太田はメールに「非同期性」・「即時性」のほかに，「私事性」というメディアとしての特性（メディア特性）があることを指摘する（太田，2001）。つまり，メールというのは，通常は個人的なコミュニケーション・チャンネルを通じて送受されるものであり，そこに受け手自身が主体的な形で関わるという，一人一人の「私事性」すなわちプライベート性が付随するため，このような言語形式が表れる，というのである。

　こうしたメール個々の特徴として指摘されるものを具体的な形で見ていくことは重要である。しかし，従来の研究では，こうした特徴がどのようにそのようなプライベート性と結びついているかは必ずしも明らかではな

い。むしろ，ここで見たように，利用する人々に何らかのプライベートな特徴が先験的に想定されるために，こうした特徴が個々のメールに表れているとしているに過ぎない。

　同じような議論は，メールを使うことで，話が「感情的になる」，ということにも表れている。多くの論者によって，このような「感情的になる」ことが，メールにおける「手がかりの不在」として結びつけられている。つまり，対面状況と異なり，相手の表情や視線といった視覚的な手がかりがないために，かえって人々は感情をむき出しにし，心理的な距離を近くするというものである（Sproull & Kiesler, 1993；東京大学社会情報研究所編，2001；小林，2001 など）。

　このような「感情」が，「親しさ」に関わることは，たやすく理解されるが，では実際になぜ「手がかりがない」ことが「感情的になる」のかということについては，これも決して明らかではない。むしろ，手がかりがないために，心理的な距離が遠くなるという解釈もあって，その結びつきはそもそも一様ではない。

　以上から指摘されるのは，必ずしもそうした分析が誤りであるということではなく，むしろ，個々の表現がなぜそのような「感情」に関わるものとして理解されるか，ということが単に問われていないという点である。

　この点で考えてみたいのは，あらためてメールが「書かれている」ということの，ふるまいとしての意味である。特に書くという場合，そのやりとりにかかわるふるまいは，往々にして，そのふるまいが産み出される時点において，そのまま相手に向けられているわけではない。たとえば，目の前にいる友人がメールを書いているとすれば，相手が特別な告白でもしようとしているのでもない限り，そのメールがそのまま「あなた」に向けられているとは普通理解しにくいだろう。

　また，極端に考えれば，いま来ているメールを，何かの機械の誤動作やウイルスのせいであって，その意味では「わたし」に向けて書かれているものではない，とすることもできるだろう。このことは，次のような「迷惑メール」を読んで私たちが（このメールは同じ詩織と名乗る人から内容

を変えて同じ「わたし」(筆者)に続けて送られてきた一つのものであるにも関わらず,本当にそんな「詩織」という女性が存在しているのではなく,また,「わたし」に対して「親しげに」語りかけているのではない,と理解するときにも行なわれている。

[データ2]
01 〈08 Aug 2005 17：12 受信　あのさ,頼んでもいいよね？〉
02　　（インターネットのURL）
03　　↑このサイト入って私のプロフ写真見てくれない？
04　　名前は詩織でログインしてるから！
05　　同じ地域の人ならどこで撮ったかすぐわかるはず！！
06　　((中略))
07　　写真見てくれたらなんだ！近いじゃん！って思うはず☆
08　　まぁ,私の覚悟が本気だっていうのがわかってもらえれば
10　　いいからさ！！
11　　（インターネット上のURL）
12　　↑ココか,電話で連絡してね！！
13　　待ってるね！！(＊^3^)/チュッ☆

2.3.「やりとり」としての意味——「書くこと」の相互性

　以上にみたように,書くことにおいては,その相手の特定はさまざまな形で表れるものである。そして,そのような特定は,そのやりとりに携わる人々の具体的なふるまいがどのようなもの (how) として作り出されるかによって,相互の空間における広がりや範囲の中で,あらためて書いた者および読む者に経験されることになる。そのことは,必ずしもそこに何が書かれているか (what) だけに依存しているのではない。[データ2]についても,確かにここには,「親しい」とされるメールに見られるような諸特徴のいくつかを確かめることはできる。しかし,そこから,このメールの「相手」という個人に対して,「親しい」という理解が実際に行な

われるかどうかは別のことである。

　ここにおいて，書かれたもの（テクスト）に向かう場合，それがいかなる人々のふるまいの中で，特に相互的なやりとりとして行なわれているか，ということを見る必要が出てくる。

　たとえば，自分の家族や子どもなどとのきわめて「個人的」な出来事を書いたテクスト（ここでは「手紙」とする）でも，その「手紙」が，新聞などにおいて「投書」として提示され，同時にそれが読む者によって「投書」として経験されることで，それが読まれるべき相手の特定は，すでに「個人的」なレベルを越えるものとなる（同様のことはインターネットにおけるブログやホームページでまさに起こっていることでもあるだろう）。このように，「書かれたもの」について，特定の個人を越えた「公共的」なものが，どのような経験（how）として作り出されるのかと問うことから，人々がそれによっていわゆる「公共」の空間そのものを作り出している，具体的なふるまいに向かうことになるのである。

　メールについても，ディスプレイに文字が並んでいるというある事態について，コンピュータ・ウイルスやプログラムの誤動作としてではなく，何らかの「相手」から来た文書であり，またそれに対して他の誰かではなく「わたし」がその「相手」に何らかの対応を示すべきものであり，またその「相手」はそのような「資格」を持つものである，といった理解がそこにはある。このような秩序を持って理解されることで，それぞれに送受信されるメールは，はじめて「メール」としての意味をもつのである。

　しかしながら，先の［データ2］でもすでに見たように，その「資格」に関する理解は，単に「メール」としての独立した形式や内容，さらには，「書かれている」という事実だけによって成り立っているのでない。あくまで人々が一定の秩序を持って相手との「やりとり」を行なう「資格」を持った関係を成立させることによって，個々のメールに対する意味の理解が可能になっている。

　顔をつき合わせての会話では，テクストに比較すればこのような資格はより身近なものとして理解されやすい。しかし，この場合にしても，視線

を交わす，あいづちを打つなど，さまざまな形での手続きとして，相手との「やりとり」を行なう「資格」の確保に行為が向けられており，その行為の中で会話が進行している．つまり，会話が「会話」として理解されるためには，会話としての開始と終了，会話の向けられる相手とタイミング，会話の内容といったものを適切に配置するような活動が見られているのであり，このような実践活動を見ることなしに，個々のジェスチャーやことば遣いを単独に取り出して「特徴」を挙げてみても，それが実際の理解に結びつくものとは考えにくいのである．

したがって，ここでわれわれが目を向けなければならないのは，顔文字といった「メールの特徴」そのものではなく，例えば顔文字といったものが，「やりとり」に関わる資格を成り立たせる上で，どのように用いられているか，ということになる．たとえば，[データ2]のメールに対して，「わたし」が「詩織ちゃん」と相手を特定しながらメールを送るとすれば，私はそのような「親しさ」をもって相手を呼ぶ資格を持つことが期待される．そのようなふるまいが「やりとり」としての一定の根拠（秩序）を持つことで，[データ2]の13行目「(＊^3^)/」のような一見して無意味な記号の羅列に過ぎないものが一つの「顔文字」として理解されることも可能となるはずである．しかし，「わたし」が何の返答もしない以上は，そのような仮定は何ら意味をもつことはない．たとえば，よくインターネット上の掲示板などで，無秩序な発言などを繰り返す，いわゆる「荒らし」に対して反応することが，しばしばそれ自体「荒らし」になると言われることがあるが，これもまた，返答することによって，その「無秩序」である発言そのものが「やりとり」として，ある秩序を持ってしまうことによるものと考えられる．

したがって，逆に特定された相手についての「親しさ」を考えた場合も，「親しい」ということは，そこにおける送り手と受け手の相互による理解と手続きによって一定に構成される中で，はじめて経験されるものとなると考えられる．

このように，メールの中で顔文字といった何かが「メール」としての特

徴を持つとすれば，それはあくまで，一定の秩序だった手続きの中で「やりとり」としての理解があらかじめ成立している限りにおいてであって，そこからわれわれは，個々のふるまいにおいて，そうした手続きがどのように行なわれるか（how）に向かうことになるのである．

3. 実践としてのメール

3.1. 連鎖という考え方

ここではまず，メールを「やりとり」として分析するための，基本的な考え方を，従来の会話分析にしたがってみていく．

会話を「やりとり」として成立させる手続きのひとつとして，最も基本的なものであると考えられているのが，「順番取りシステム」である．序論で述べたように，それは通常，（1）一つの会話においては，少なくとも1人の，かつ1人の話し手だけが一時に話すこと，および（2）話し手の交代が繰り返されていること，という事実として，会話としての特徴を確保するために参加者がそれぞれいつ話すかという「順番」を継続的に秩序づけているものである．この手続きは，たとえば，挨拶─挨拶，呼びかけ─応答といった会話の開始について重要であるほか，また会話中でも，質問─答えなどといった形で見られている．

これと同様な手続きは，メールについても考えられるものである．次のような例で見てみよう．

［データ3］（R1）
01 送り手〈一通目 07：14 受信 無題〉
02 　　おはよ♪雨です，最近ライブの日雨多いよね♪
03 　　雨だしお出かけはしたくないしビデヲ見ようか😁
04 受け手〈二通目 09：31 送信 Re:〉
05 　　おはよん．私今から学校行くけど，どこで集合する？　←
06 送り手〈三通目 10：11 受信 Re2:〉

07　昼で終わらないみたい↙二時には終わるはず
08　受け手〈四通目 10：14 送信 Re 2：Re：〉
09　おっけー😁じゃあ池袋で待ち合わそう❕それとも一回家帰り
10　たい？
11　送り手〈五通目 11：31 受信 Re 2：Re 2：〉
12　いや、いいよ池袋で、終わったらメールするね

　このとき、05行目について、受け手がことばの形式的には「質問」をしているのにも関わらず、同時に送り手に対する「答え」をしていると理解されるのは、03行目にある「ビデヲ見ようか」ということばが「質問」(勧誘)として、このような順序と流れにしたがって結びついているからであると考えられる。このような「質問」の次に来る「答え」という一定の秩序を持った流れの中で、それぞれの送信(発言)の意味と役割が理解されていることが確認できる。つまり、このような「質問―答え」といった流れ、すなわち「連鎖」(シークエンス)として、こうしたメールのやりとりが人々によって理解されているのである。

3.2. 連鎖による「資格」の成立

　以上のように、メールでも会話と同様の連鎖があることを確認した。しかし、メールについては、ある内容の情報をランダムに送信することが可能である(むしろ容易である)し、実際に発言内容が複数続く中で、「質問」としてなされた発言の前後に別の発言が続いている場合もしばしばあり、実際の「話しことば」のように、それぞれの発言について受け答えが順番にしたがっているわけではない。[データ3]の場合も、送り手の02行目には「おはよ」という発言が前にあるのだが、実際に受け手が05行目の最初の発言でまず「挨拶」を返しているように、「挨拶―挨拶」、「質問―答え」のように、それぞれについて連鎖による手続きを用いた形で発言が構成されている。逆にいえば、このような連鎖の遵守こそが相手への発言の関連性を一定に示し、「やりとり」として構成する手段となってい

るといえる。通常の会話では，やりとりされることばの内容以外にも，視線などのノンバーバルの手段によって順番取りの交渉が可能になっているが，メールにおいては，実際にやりとりすることばの連鎖以外にこのような秩序を明確にする方法に乏しい。たしかにタイトルで「Re:」などとして，何らかのメールに対する「返事」であることを示す方法もそのひとつであるが，それも相手とのやりとりの中で決まってくるものであり，しばしば見られるように，何通もやりとりする中で惰性的につけられて，実際には無視されてしまうことさえもある。したがって，やはりこうしたメール独自の言語内容が「やりとり」としての理解をもたらしているのではないし，むしろこのような連鎖の中で，タイトルなど，個々の発言に関わるふるまいが持つ（または存在する）意味も決まってくると考えられる。

そのため，メールでは時には，送信をしないで相手の回答をひたすら待つことによって「順番取り」を確保するようなやり方も見られ，そのために実際に個々のメールの送受信の間隔が長期に停滞する場合も考えられる。したがって，メールだから「即時性」がある，といった「メディア特性」を導くことについても注意をする必要があるだろう。

このように，ある特定の連鎖にしたがってメールを送受信するということは，単に個々のメールについての何らかの情報内容の交換としてあるのではなく，常にそれが相互的な「やりとり」として適切な関係の中に構成されるための意味を持つのであって，そうしたふるまいそのものが個々のメールの具体的な内容と「やりとり」を行なう「資格」を形成することにもなるのである（「質問」されたから，それに「答え」をする順番を取る，など）。先の［データ２］では，筆者に向けて続けて複数送信されていたために，それで親しげに話しかける資格を得たように見えるが，むしろ，それらが筆者からの一切の返答もなく一方的に「続けて」来たがゆえに，その関係は「やりとり」として適切なものとは見なされなかったと理解することができる。

したがって，誰から見ても紛れもなく「メール」として行なわれている発言であったとしても，それを個々の連鎖から切り離して，ただ単独にそ

れぞれを「分類」したとしても、そこで見られるような特徴は、結局、実際に人々によって行なわれているふるまいの中での意味づけと理解からは異なったものになってしまうおそれがある。逆に、形式的なもの（クエスチョンマークなど）をもってある発言を「質問」などとして分析者が独自に意味づけをしても、それがあくまで「やりとり」の連鎖に従っている以上は、それぞれの状況における実際の用いられ方はさまざまな形態をとり得る。たとえば、すでに見たように、［データ3］の05行目は、形式としては「質問」であると同時に03行目への「答え」にもなっていた。

4．メールにおける「親しさ」の達成

4.1．「親しさ」のいろいろ

　以上をふまえた上で、以降では、「親しさ」というものがどのような手続きによって成り立っているかについて見ていくが、その前に、実際のふるまいにおける手続きとしては、さまざまな関係性のとられ方があることについて確認したい。

　次の例では、受け手自身がメールの送り手をデータ提供の際に「高校の部活の先輩」として定義しており、02行目の「久しぶり」や、20行目の「会うの楽しみ」ということから、いわゆる「よく会う友人」ではなく、その意味では単に「友人」とカテゴライズされるものとは違うものとして理解されているように考えられる。

［データ4］（R2　メール文中の固有名詞は仮名）
01　送り手〈一通目　8：00　受信　無題〉
02　　おはよう☀久しぶり😁元気？　マコ、辞めたんだって⁉
03　　10日の集まりで会えるんだよね❗そのときに
04　　ゆっくり話そう♦♣
05　受け手〈二通目　13：10　送信　Re:〉
06　　マコ　先輩にメールしようと思ったんですけど、10日に

07 会ったときに言おうかと思って😊 🎵 あと一週間かー😆
08 楽しみですね😊 🎵 ✨
09 送り手〈三通目 0：33 受信 Re:〉
10 遅くにごめんね🎵
11 10日楽しみだね〜😆 マコ とはもう同僚みたいな感じだ ←
12 から，後輩って思うとなんか可笑しい😆 ←
13 もうあと一週間じゃーん😊
14 受け手〈四通目 12：37 送信 Re 2:〉
15 ですね😆 🌹 でもあたしにとって 先輩はちゃんと『先輩』 ←
16 ですよ🎵 🎵笑
17 早く来週にならないかな😊 🎶 そのためにレポート
18 早く終わらせます📚 🎵
19 送り手〈五通目 12：39 受信 Re:Re 2:〉
20 すげっ😊 えらい✨
21 10日会うの楽しみにしてるねーっ😆
22 受け手〈六通目 12：40 送信 Re 2:Re 2:〉
23 はーい😆 🎶 ではまた10日に🎵 ✨

　このような例は，「携帯メール」が，「よく会う友人」という「親密な間柄におけるやりとりに使われるツールである」という前提など（田中, 2001）からすると，そのまま例外となる可能性がある一方で，「絵文字」などが使われている意味では，何らかの「親しさ」を前提としていることにもなり得る。
　しかしながら，ここで考えたいのは，受け手が「先輩」と定義している間柄であるから，（普通の友人などに比べて）「親しくない」とか，あるいは，ある特定の言葉遣いをしているから「親しい」かどうか，といったことではなく（ここで受け手は送り手に対して「敬語」を用いてもいる），「先輩（それに対する後輩）」というお互いについての関係が，あくまでその場における具体的なふるまいの中で実践されていることである。

この場合，やりとりをしているお互いについて，送り手は単に「マコ」としているのに対して，受け手は「先輩」という形で示している。このように，相手をどのように呼ぶかということは，それを通じて相手との関係を表示することにもなっている。ここから，送り手と受け手が「先輩―後輩」という関係であることが，こうした呼び方を通じて実践されていることが分かる。しかしながら，この［データ4］で受け手が言及しているように，その関係のあり方は決して固定したものではない。受け手は送り手に対して，11行目のように「同僚」とも呼べる関係にあることを示している。これに対して，送り手は15行目で受け手に対して「ちゃんと『先輩』である」という形での再定義を行なっているが，そのようなことをあらためて示すことによって，送り手と受け手の関係における，それぞれのあり方の非対称性を示しているように理解できる。この点で，先輩―後輩という関係は単なる対関係として理解されているだけでなく，お互いの関係を定義する優先的な資格の問題として理解されていることがわかる。つまり，先輩が後輩を非対称でない関係（同僚など）として扱うことが相対的に自由であるのに対して，後輩が先輩を非対称でない「先輩以外」のものとして扱うことは例外的となる。

　以上のように考えた場合，「親しい」ということもまた，先輩―後輩という関係の実践において意味を持つのであり，「親しさ」という，ある意味で「先輩以外」の定義をその関係に持たせることは，少なくともそれぞれがもつその関係への関わり方によって一様ではないと考えられる（たとえば，後輩が先輩に対して「なれなれしい」と言われることはあっても，先輩が後輩に「なれなれしい」と言われることはないだろう）。

　従来の研究では，メールが「人間関係に与える影響」として，地位や上下関係の違いがなくなるといった傾向が指摘されることがあり（Sproull & Kiesler, 1993），後輩が先輩に「親しげに」絵文字を使うこともその意味で説明される可能性があるが，以上のことから，メールという状況であるからといって，このような実践を含んだ関係が，その「親しさ」を一様な形で変化させることは少なくとも考えにくい。逆に，かりに顔文字とい

うものが「親しさ」を表すとするならば，あくまでこうした実践に即してそのことを示す必要がある。

4.2. メールにおける「親しさ」

　次の二つのデータから考えてみよう。
　［データ 5］と［データ 6］では，それぞれ受信者によってデータ提供の際に，相手との関係が「バイトの友達」と「大学の部活の先輩後輩」として定義されているが，一見しただけでは，そのような定義から見られる親疎と，実際の「やりとり」における特徴を直接に関連付けて考えることは難しい。ここで，そのような意味での親疎とは別に，［データ 5］と［データ 6］から読みとれる関係の「親しさ」をあえて考えるとすれば，［データ 5］よりも［データ 6］の方が，「親しい」という理解が行なわれやすいように思われる。ここではあくまでその仮定の上で，両者における「やりとり」としての特徴を考えてみたい。
　まず，いずれにも共通して見られるのは，送信者からの「質問」に対する受信者の直接の「答え」から，やりとりが開始されていることである。タイトルや「挨拶」による開始を伴わないという意味では，このような開始は特に珍しいものではない。

　　［データ 5］（R 3　メール文中の固有名詞は仮名）
　　01　送り手〈1 通目 12 時 12 分 受信 無題〉
　　02　　何してんの？
　　03　受け手〈2 通目 12 時 14 分 送信 無題〉
　　04　　勉強してるヨ😊　どーしたん？😊
　　05　送り手〈3 通目 12 時 15 分 受信 無題〉
　　06　　何😊　もしかして課題😖？
　　07　受け手〈4 通目 12 時 18 分 送信 無題〉
　　08　　軽くね😣　凹んでンの？？😊
　　09　送り手〈5 通目 12 時 20 分 受信 無題〉

10　ううん🐾 今から集合かけてイイ😁 場所横浜で🐍
11　受け手〈6通目 12時23分 送信 無題〉
12　まぢ😾 悪いけど，今日はきついわ😶 ごめん〜😾
13　送り手〈7通目 12時24分 受信 無題〉
14　　了解😆✋　　　　　　　　　　　　　　　　←
15　受け手〈8通目 12時29分 送信 無題〉
16　　今度はモウ少し早く言ってね😆
17　送り手〈9通目 12時34分 受信 無題〉
18　　だよね♥急に慎吾トークが聞きたくなってね😶 ゴメン😁
19　受け手〈10通目 12時35分 送信 無題〉
20　　全然バカtalkするけど，よろしいかしら😁 また声かけてよ🌱
21　送り手〈11通目 12時38分 受信 無題〉
22　　イイですよ🐝😁んじゃ，課題頑張って😁✋　　←

［データ6］（R 4）
01　送り手〈一通目 23：31 受信 無題〉
02　　明日の飲み出ないの〜〜(;_;)🐘小倉も寂しがってたよ〜ぉ　←
03　受け手〈二通目 23：39 送信 Re:〉
04　　あぁ…めんどぃしぃぃやぁと思って🦋…ぢゃなくて，
05　　あさって朝からレッスンでかなりムリな感じだから😩
06　送り手〈三通目 23：42 受信 Re:Re:〉
07　　そんなんどぉにかなるよぉ♪
08　　飲も☆待ってるからおいで😩🎧
09　受け手〈四通目 23：46 送信 無題〉
10　　ありえないから📱つーか明日①限で朝5時起き↓↓
11　　もう寝るみょ。°☆
12　送り手〈五通目 23：50 受信 Re:〉
13　　まぢ遠すぎぢゃない？（笑）早く越といで☆んぢゃ明日夜語ろ
14　　うね〜🐾

```
15 受け手〈六通目 23：51 送信 Re：Re：〉
16      遠いんだからいたわれ。
17      明日絶対帰るから。おやすみん 🌙
```

ここで，メールではすぐに用件から入ることができる，といった「メディア特性」を導くよりも，メールが連鎖として構成されていることの意味を考えてみよう。「質問」から始められるということは，そもそも，何らかの「質問」をする資格を確保する手続きが行なわれていることを意味する。電話の通話では，名乗ることから始まり，相手を特定する手続きがあって，そのような資格が行使されるが，それは一方で電話におけるチャンネルの不確定さに関わるもの（西阪，2004）であって，メールの場合はそのような意味での相互の認識についての問題は少ない。また，携帯電話での会話についても，番号の通知と，特定の相手につながる可能性の高さから，このようなチャンネルの不確定さが払拭されているために，このような資格の特定については手続きが省略される傾向があるという（Hutchby & Barnett, 2005）。

むしろ，ここで問題とすべきなのは，そのような発言が読むものにとって「質問」として理解できることが，どのようなものとしてデザインされているか，という点である。［データ6］の場合，送り手において，受け手が飲み会に来られないという状態がすでに認識されていることを02行目で表示することができているし，受け手はその相互的な認識にのっとって，以降のやりとりをデザインしていくことになる。たとえば，この時点について，02行目の質問は04行目での「あぁ」すなわちイエスという答えを優先的に期待されるものとして行なわれていることも指摘できるだろう。それは［データ5］のように，送り手にとって受け手のいる状態を一つ一つ特定していく際に，その意味するところが受け手にとってすぐには理解されていないようなやりとりとは異なるはずだ。

さらに，そのような「質問」という状態の参照自体が，そこにおけるコミュニケーションに関する資格を，やりとりの順番の生成（終了など）に

ついて成立させていることも指摘できる。たとえば，［データ5］ではあくまでそれぞれが相手の状態について一定の認識をもたないものとして参与し，その状態の認識が連続した質問としてのやりとりのなかでひとまず達成されたところで，送り手が自らで順番を完結すること（終了）が行なわれている。つまり，このようなプロセスを経ることで，送り手は自分からやりとりを終了させる資格を確保していることになる。このとき注目されるのは，14行目でいったん✋という絵文字によって終了が導入されるように見えるが，16行目ではそれが受け手によってすぐに終了として扱われず，さらにやりとりが続いていることである。そして22行目の✋をもって，あらためてこのやりとりの終了がもたらされるわけだが，このような終了にいたるまでの長さも，（これから終わりますよ，という）お互いの状態の共有がその場であらためて行なわれていることを示している。このように，✋の意味は，送り手と受け手がその場で終了を組織化するときに用いられることで，はじめて理解されるのであって，単純に「✋＝手を振る＝さようなら＝終了‥」といった意味を固定的に示しているわけではない。

　では逆になぜ，このような状態の共有をプロセスとして明示的に行なう必要があるのだろうか？　かりに［データ5］の14行目で即終了としてしまうと，受け手としては「無下に」断ることにもなるだろう。これに対し，あくまで14行目を前振り的な終了（先終了，第5章参照）として組織してから，あらためて終了をすることは，相手への「敬意」を示すことにもなる（Schegloff & Sacks, 1973）。このような明示の仕方は，確かに相手との親疎といった「距離」のとり方に関わってくるはずだ。

　以上に対して［データ6］では，すでに開始時点で「飲み会に出られない」という状態の認識が相互に確認されており，その状態を共有することにおいて，最初の用件を言い出した送り手ではなく，受け手の方で11行目からの終了を簡潔に導入することが可能になっているものと考えられる。ここにおいて，お互いがお互いの状態を明示する必要はないし，少なくともそうしなかったからといって，「無下に」になることはない。

以上から，こうした状態の認識の程度を「親しさ」に関わる資格として理解することも可能であるし，われわれがメールの利用を親疎の関係についてしばしば理解することも，このような手続きと関わっているものと推測される。たとえば，「親しい」どうしのメールが短い文章で行なわれるというのも，こうした手続きについて，お互いの状態の参照が比較的容易であることにもよるのかもしれない。しかし，それは「親しい」から「無下に」断ることができる／できないといった（どちらともとれる）問題と同じように，あくまでそのふるまいをとりまく状況によるものであって，それと何らかの固定した親疎の関係が前提としてあることは，また別のことである。

5. メールにおける関係性の維持

5.1. やりとりを通じて維持される関係性

　私たちは携帯電話の普及によって，遠隔にいる人に「いつでも」「どこでも」連絡できるようになった。こうした携帯電話の特性が私たちの社会的関係の維持に貢献していることは明らかである。

　だが私たちが「親友」とたまにしか連絡しなくとも親しい関係を維持しているとみなしているように，たとえ携帯電話の登場によってある関係の相手と連絡する「頻度」や接触の「時間」が増えたとしても，ただちにそのことによってその関係性が「維持」されていることにはならない。

　むしろ関係性の維持とは，相手や自分の状況を示し続け，それに対する振る舞いのなかで自分や相手の立場を示し続けていく，という作業を通じて成し遂げられるものなのである。

　ではこうしたことは，携帯メールのやりとりにおいてはどのようになされていくのかだろうか。本節では二人の学生（サチ・リナ）による以下の携帯メール［データ7：メール①-⑥］のやりとりをみていこう。

　サチは以前からメール友達だったタクヤと初めてのデートをすることになり，そのデート当日にリナ（付き合っているトシオの家に遊びに来てい

る)に携帯メールで写真を送ってデートに着ていく洋服について相談していた。以下のメールデータはその相談の後のやりとりである。

[データ7] (K1 メール文中の固有名詞はすべて仮名)

① PM 18:24 サチ

やっぱ全部しっくりこなかったから白いカーデガンにしたよ‼
あの黒いウニクロの洗濯だったの😭😭😭
緊張する…けど頑張るぅ😆

② PM 18:35 リナ

おう😊がんばりんね🎵応援するさっ‼
リナたち今金七先生みてるよ🍀レンタルしてきた🍀
緊張するよねぇ〜😌でもまず相手を信じてあげてね💗

③ PM 18:39 サチ

はい、先生‼
なんかあったら速攻電話るから携帯は常に目に入位置に宜ピク☆
おぉぉ〜😊
トシ君と仲良くねぇ💗

④ PM 23:19 リナ

りなただ今帰宅中🚃💨
Love②だったよん💗まぢトシくんしゅき💗💗好き😍
サチゎ〜?!どぅよ?!

⑤ AM 0:40 サチ

まだタクヤくんちだよ〜ドキドキでしょうがない…(>_<)またお知らせするわね〜‼‼

⑥ AM 1:10 リナ

気をつけて帰っておいでね🌙夜中にあんまりスピード出さないよぉに⚠
ならリナはおやすみなさぁい
お邪魔しましたぁ〜😊🎵

(このデータは,携帯電話のメール画面の画像を個人情報に配慮して加工している。また,メール③の「電話するから」の「す」と「目に入る」の「る」の文字,末尾のハート印が一つ,端から切れている。)

携帯メールでは通話同様，お互いの状況の変化を伝えるにはその状況をことばで説明しなければならない。また，このメールのように，一つのメールの中に相手のメール文への参照をともなう文章が複数含まれている場合には，相手の言葉を引用するなどして，自分の文章が相手のどのメール文に言及したものなのかを示すことが望まれる。

　メールにおいて互いの関係性を維持していくときには，こうしたメールのやりとりの作法を使いながら，相手の状況に対して自分の立場を示しあう作業が必要になる。このことを頭に置きながら彼らの関係性がどのようにやりとりのなかで維持されているのかをみていこう。

　［データ7］のメール①では，サチがどの服を着ていくことにしたのかをリナに報告しており，ここではサチがそれまでリナに相談していた課題（デートに着ていく洋服を選ぶこと）が解決したことが示されている。

　またさらに，サチはリナに「緊張する…けど頑張るぅ」と報告していることから，サチが新たな課題（ここでは，メール友達であるタクヤと初めてのデートをすること）に向かっていく状況にあることが示唆されている。

　では，サチの新しい状況を知ったリナはどうしただろうか。

　メール②の冒頭の文章で，まずリナは，サチの状況への理解を示しながらサチの言葉である「頑張る」を繰り返して相手を励まし，自分が応援する立場であることを示している。

　先のメールでは，サチはリナに「緊張する」程の一大事に臨むということを報告していた。このメール文で，リナが，「緊張する」程の一大事に臨むサチを「励ましている」ということは，サチとリナがそんな一大事でも相談しあい励ませる仲，すなわちサチとリナが親しい関係にあるということを示している。

　ここではリナが，サチの「友人」であるという資格にかなった振る舞い方をしていることがわかるだろう（友人関係に期待される振る舞い方については第3章の議論を参照）。逆にいえば，リナは，サチの友人としてのつとめを十分に果たしたのであるから，デートに行くサチを励ますこの文章を書き終えたら，メールを送信してもかまわなかったように思える。

だが実際には，リナは次に文章を続けている。リナは自分とトシオの状況を説明した後で，サチの「緊張する…」の言葉を引用しながらサチに同意し，新しいサチの状況（これからタクヤと初めてデートに行くこと）に対して助言を与えたのだ。つまりここでは，リナがサチの新しい状況でも，相談関係をともなった形で友人関係を維持しようとしていることがみてとれるのだ。

　これに対して，サチの側もメール③の冒頭の文章で「はい、先生！！」と，リナを「先生」＝「教える側」と位置づけているように，リナからの助言（「教え」）を受けいれることを示している。

　サチとリナは本人たちの言葉によれば，非常に仲のいい友人であるだけでなく，サチの相談にリナがいつも乗ってあげるような関係なのだという。こうしたサチとリナの友人関係のありかたは本人から聞かずとも，こうした携帯メールでのやりとりを通じて維持されていたことがみてとれるだろう。そしてサチの新しい状況に際して，こうした関係性が維持されたことで，サチのメール③における依頼（「携帯は常に目に入る位置に宜ピク☆」）が，サチがデート中であっても，両者の相談関係を維持できるようにすることの用意だとして聞かれうるのである。

5.2. 連絡手段の選択

　私たちは誰かに連絡するときに，ある連絡手段（手紙・メール・通話・会話など）を選択する。円滑にコミュニケーションを進めようとするときには少なくとも以下の点を配慮して選択されるだろう。

　まずは，伝えたい内容が伝えやすい手段であるのかどうかということだ。例えば，先のメール①の前に，サチはデートに着ていく洋服を決めるために友人のリナに携帯メールで写真を送って相談していた。サチが携帯メールを連絡手段に選んだ理由のひとつは，相談するときに，口で説明するよりも洋服の詳細を伝えやすい点にあるだろう。

　だがそれだけではない。私たちが連絡手段を選択するときには，連絡をする相手・自分の状況と，その状況における相手と自分の関係に関しても

配慮している。例えば，サチはリナがトシオの家に遊びに行っているということをあらかじめ知っていた。サチが連絡手段に通話ではなく携帯メールを選択したのは，携帯メールでのやりとりのほうがリナとトシオが関与している状況を壊さず，リナとの関係を維持するのに適しているとみなしていた可能性がある。

　このことは単なる憶測ではない。というのもメール③のサチの言葉の選び方や文章の組み立て方には，通話を使わないこと・あるいは携帯メールを利用することが，リナとトシオが行っている活動を尊重したうえで，リナとの関係を維持するものだとして位置づけられているからである。

　再びサチのメール③の文面をみてみよう。よく見ると「はい先生！！」の「先生」という表現は先のメール②で「リナたち今金七先生みてるよ」と語られたリナの状況をサチが理解していることを示しているものであることに気がつく。

　そして次の「なんかあったら速攻電話するから携帯は常に目に入る位置に宜ピク（よろしく）」というサチの依頼は，あくまでもリナがトシオとビデオを見ているという状況を尊重するようなものとして提示されている。

　サチの言う「なんかあったら速攻電話する」という言い方は「電話する場合」とは「特別な緊急事態」であり，だからこそリナに相談するのであり，「特になにも起こっていない状況」ならば「連絡しない（あるいはメールする）」という理解が示されている。また，「目に入る」という表現は，ほかに見るべきものがある，つまり，リナとトシオがビデオを見ていることのほうが優先的な活動であることを示唆している。

　そしてサチは，こうした依頼を書いてすぐにリナにメールを送信したりはしなかった。最後の文章の，リナの状況を理解していることをあえて示すこと（「おぉぉ〜」）と，リナがトシオと仲良くすることを促すことは，ここであえて言及しなくともいいし，あるいはまた，メールの冒頭で言及することも可能である。だがサチはメールの終わりで，つまりメールをリナが読み終わる直前にこうした文章を置くことで，自分のメールを読むことよりもトシオと仲良くビデオを見ることのほうがリナにとってまずは行

うべき活動であるということを際だたせているのである。

5.3. 「電話がかかってこない」状況における関係性の維持

以上では，選択された連絡手段が相手の状況に配慮した形で意味づけられていたことを確認した。このあとの二人の間では，そうした手段を使った「連絡の有無」が，サチの状況を示すものとなってくる。

つまり「特別な緊急事態」であれば「電話」での連絡をし，また「特になにも起こっていない状況」では「電話連絡をしない（あるいは携帯メールする）」というサチの状況理解と連絡手段とのつながりは，リナからすればサチの状況を理解する手がかりになるのだ。

とすれば，リナがサチの依頼どおり，携帯を「常に目に入る位置においておく」ことは，ただ単に「サチになにかあったら電話にすぐ出られるようにする」以上の役割を果たすことになる。なぜならリナは「サチから電話連絡がないこと」によって「サチに特になにも起こっていない＝サチのデートが順調に続いている」ことを知り続けることができるからだ。

このメール③のあと，リナが状況を尋ねたメール④にサチがメール⑤で返事を返すまでの6時間の間に，サチからリナへの連絡はない。だが先の理由から，ここでサチから連絡がないことによって，両者の関係性がとぎれてしまったことにはならないのである。

つまり，メール③のような形で依頼をしたことで，サチは「いつでも」「どこでも」使えるはずの携帯電話の「電話」という連絡手段を利用しないこと（あるいは携帯メールという連絡手段を利用すること）で，リナが目下のところ関わっている活動（トシオとビデオを見ること）を尊重しつつ，「その裏」で自分の状況（デートを順調にしていること）を知らせ続け，なにかあればいつでも相談を開始できるような関係を維持することができたのである。

5.4. メールにおける関係性の維持

本節では，携帯メールのやりとりのなかで，いかに互いの状況の変化の

なかでお互いの関係性を維持しているのか，また通話しないということや，メールという連絡手段が，相手の状況を尊重したものとして位置づけられているさま，またそのことによって，なんらかの連絡が「ない」ということが，必ずしも互いの関係性が失われているということにはならない，ということをみてきた。

たとえ，携帯電話の登場によって，ある関係の相手と連絡する「頻度」や接触する「時間」が増えたとしても，ただちにそのことによってその関係性が維持されていることにはならないし，減ったとしてもただちにその関係性が断絶されていることにもならない。むしろ，そうした相手との連絡の頻度や接触の時間といったものがどのようにやりとりの中で意味づけられ，互いの関係性を参照しそれを維持するものとして利用されているのかということが重要なのである。

6．まとめ

以上でみたように，携帯電話の利用に関わる「親しさ」とは，その利用者が持つ属性といったものを前提とするのではなく，あくまで利用者同士が行なうやりとりの中での具体的なふるまいを一定の手続きとして実践する中で達成されるものである。

その場合，その手続きや，個々の送信の役割や位置づけといったものも，その状況によってさまざまな形をとっていたし，実際に見られる「親しさ」もまた，コミュニケーションの現場において多様なあり方を見せていた。たとえば，双方で順繰りにメールを一定の間隔で送信し合うことで連鎖を示したり，あるいはメールを送ったあとで電話をあえて「利用しない」ことによって，ある関係を参照しそれを維持していたのだった。

したがって，問題は単に携帯電話だけがどう使われているか，にとどまるのではなく，私たちがそれ以外に行なっている「やりとり」もまた，どのようなものとしてそれが行われているのか，ということに常に目を向けていく必要がある。

第8章

「他者がいる」状況下での電話

1. ベルが鳴り，そしてあなたは……
——携帯電話と参与枠組の揺らぎ

　楽しそうに話しながらキャンパスを歩く2人の大学生。と，1人の携帯電話が鳴り，持ち主はそれまで話していた相手に申し訳なさそうな一瞥を送りつつ，電話をかけてきた誰かと話し出す。相変わらず並んで歩き続ける2人。1人は携帯電話を片手に満面の笑みを浮かべながら。もう1人はその隣で歩調を合わせつつも，決して横を歩く友だちに視線を送ることなく，所在なさそうな表情を浮かべて……。

　これは架空の一場面であるが，携帯電話があって当たり前の社会に生きる私たちは，似たような場面に出くわした経験を少なからずもっているのではないだろうか。このような「突然の電話」がもたらす（あるいは，少なくとも携帯電話の普及初期にはもたらしたはずの）困惑は，ときに携帯電話というメディアがはじめて生み出したものであるかのように語られる。しかし画家のドガをめぐる次のようなエピソードは，似たような困惑が固定電話の普及当初にも存在していたことを教えてくれる（Jünger, 1990；また若林，1992も参照）。

　　パリに電話がつきはじめた頃のこと，ドガは電話を引いたパトロン

の家に食事に招かれた。パトロンはこの文明の利器の真価を見せようと，その時間に電話をかけてくるようにある人に頼んでおいた。パトロンは電話からもどってくると，反応やいかにとドガを見つめた。ドガはいった。「ベルが鳴り，そしてあなたは行ってしまう。それがつまり電話なのですね」。

このときドガが感じた困惑，そして電話というメディアに対してもった違和感を，電話にはじめて接した人びとの多くが分けもっていたであろうことは，たとえば内田百閒が残した次のような一文からもうかがわれる（中野編，1996）。

> 電話のある家の人を訪問して，何か要談してゐる時，または話に興の乗つた最中でも，家人が来て「お電話です」と一言云へば，大概の主人は「ちよつと失礼」と席を立つてしまふ。機械に対する畏敬の心が，人人の胸の底に，不釣合な勢力を張つて潜んでゐるのである。さう云ふ時，私は機械に嫉妬を感じ，未開人の様な主人に憤懣する。「後にして貰へばいいではないか，本人がやつて来たとすれば，私との対談がすむまで，待たせるだらう。電話の針金を通した為に，来訪の順序を逆にするのは怪しからん。自分は本人で来てゐるのである」
> そこへ主人が帰つて来て，「やあどうも」と云つて座に復しても，要談ならば，また一くさり前からやり直さなければ脈絡が断たれてゐるし，閑談ならば，大概の興は去つてしまつてゐる。

他人といるとき突然かかってくる電話が引き起こす波紋は，このように決して携帯電話の周囲にのみ発生するわけではない。だとすれば，携帯電話をめぐる経験の内の何が私たちに，また固定電話をめぐる経験の内の何がドガや内田百閒たちに，「これまでにはなかった」困惑や違和感，憤懣をもたらすのだろうか。この問いに対し，ゴフマンらの議論を参照しつつ「参与枠組の揺らぎ」という観点から答えること，さらには携帯電話で交

わされた会話の分析を通じ，生じてしまったこの揺らぎを私たちがどのように修復しようと試みているかを明らかにすること，これらが本章の課題である。

一方，次の点にも注意を払う必要がある。すなわち，内田百閒が固定電話とその使い手に対してもった嫉妬や憤懣の感覚を，現代に生きる私たちがほとんど失ってしまっているという事実である。それまで自分と話していた相手が突然かかってきた携帯電話によって奪われてしまうことに違和感をもつ人も，内田が描いているような場面で話し相手が中座することに嫉妬や憤懣を感じることはまれであろう。とすれば，「突然の携帯電話に話し相手を奪われる経験」と「突然の固定電話に話し相手を奪われる経験」を隔てるものは一体何か。本章ではこの問いに対しても何らかの答えを導き出してみたい。

これら一連の議論を進めるため，次節ではまず，鍵概念としての参与枠組について考察する。

2．参与枠組と共在

相互作用場面においてコミュニケーションが進行する際には，「誰がその場面に参与しているのか」，「それぞれの参与者は，その場面にどのような形で参与しているか」といった問題（＝参与枠組をめぐる問題）を参与者同士が刻々と確認しつつ，枠組に応じた行為を選択していく。突然の携帯電話は，強制的にもうひとつの参与枠組を発生させることにより，それまで進行中だった枠組維持作業に大きな変化を招き入れるという意味において，参与枠組を強力に歪める磁場であると言えよう。しかしながら，当事者たちが進行中であったコミュニケーションを放棄するのでない限り，携帯電話という磁場が生じさせた参与枠組の歪み＝揺らぎは，何らかの形で修復される（あるいは，修復しようという意思があることが相互に示される）必要がある。

そのための具体的方略，およびそれらの方略がもつ意味を具体的な会話

データに即して論じるための準備作業として，以下では参与枠組に関するゴフマンの議論を，他者と共にあること，すなわち共在をめぐるゴフマンの一連の議論と関連づけながら見ていこう。共在という日常的な事態をまさに日常＝平穏な状態たらしめている機制，すなわち「個人が直接的・物理的に他者と場を共有する時に，あるいはそのことのために，自分および他者をどのように規制するか」(Goffman, 1980) を浮かび上がらせていくゴフマンの議論は，携帯電話が引き起こす波紋の意味を考える上でも示唆に富む。そもそも波紋が波紋として認識されるのは，平穏な状態との対比においてだからだ。とはいえ，平穏とは何も起こらないことではない。むしろ，それに関わる人びとの不断の働きかけによって維持される，すぐれて動的な過程なのである。

ゴフマンは，二人以上の人間がお互いの姿を見たり声を聞いたりできる範囲にいる物理的領域を「社会的状況」，社会的状況に居合わせる身体群を「集まり」と呼ぶ。また，社会的状況や集まりに文脈をあたえ，それらを形成したり解体したりするのが「社会的場」である。その例としてゴフマンはパーティや職場，ピクニックなどを挙げる（以下，用語の翻訳は原則として安川編 (1991) にしたがう）。社会的場にかかわりのある活動に認知的・情緒的に参加するとき，人はその活動に「関与」している。状況に適合的な行為をとること，言い換えれば，状況内で自らの関与を適切に配分することは，「自分の関与能力をそこに居合わせない人びととの関心事にではなく，また居合わせてもそのほんの一部の人びととの関心事にではなく，集まり全体……に向け」ていることの証であり，「このような関与は集まりへの義務，言い換えれば，集まりへの帰属意識を示す」(Goffman, 1980) ことになる。

見方を変えれば，私たちは社会的状況の中にあって，そこですでに起こっていること，また起こるかもしれないことに気を配っている証拠を示す用意を常に求められている。たとえば，その状況内にいる他の人から話しかけられたときには，あまり間をおかずに返事をするか，それができなければとにかく反応をしなければならないといったように。つまり，状況全

般に対する敬意と配慮を示す必要があるのだ。公共の場で泥酔したり，げっぷしたり，だらしない服装でいたりすることが忌避されるのも，それらが状況に対する適切な注意の欠如をあらわにするからなのである (Goffman, 1981)。

　これと関連してゴフマンが挙げている例は，電車内での携帯電話利用にも当てはめることができて興味深い。電車内のように周囲に対して相対的に気を配る必要がない空間では，読書によって本の世界に引きこもることが社会的に許されている。というのも，読書中に周りで何かあったとき，人はすぐに本を置き，状況に注意を戻すことができるからである。しかし，本を読みながら周囲に聞こえるほどのくすくす笑いをするとすれば，それは本の世界に過度に没入している証拠，つまり，周囲に対して確保しておくべき注意や配慮を忘れてしまっている証拠として，非難の対象になるだろう。

　以上の議論を踏まえるなら，電車内での携帯電話が話し声の大小にかかわらず周囲の顰蹙を買う理由は，それがうるさいからではない。通話者が状況に対して保持すべき注意や配慮を忘れてしまっていること，つまり状況に参加していないことが，周囲にあからさまに示されてしまうからなのだ（だから，通話者が他の乗客を気にしながら話していることが明らかな場合，それを眺める周囲の目は相対的に優しいものとなるだろう）。また，音を出さない携帯メールのやりとりであっても，当事者がそれにのめり込み，状況に対する適切な関心を失ってしまっていることが明白であれば，やはり周囲の乗客から非難の視線を浴びるだろう。同乗者とおしゃべりをしようと，本や新聞を読もうと，音楽を聴こうと，ゲームに興じようと，過度にのめり込んでいる様子が明らかであれば同様である。

　話を戻そう。ゴフマンは「人びとが単に同じ社会的状況に居合わせるだけで生じる」相互作用を「焦点のない相互作用」，「一群の個人がおたがいに特別の関心をはらい，特別の相互行為を持続する」相互作用を「焦点のある相互作用」と呼ぶ。そして，「同じ状況に居合わせたふたり，またはそれ以上の人びとがおたがいに一緒になって単一の知覚的・視覚的焦点を

維持しようとする」相互作用を,「対面的関わりあい」もしくは「出会い」と呼んでいる (Goffman, 1980)。

出会いへの参与者は,話し手あるいは聞き手という「正規の」社会的立場を割り当てられるが,正規の聞き手が話し手の言うことを聞いていないこともままある。逆に,出会いに正規に参与していない者－非正規の聞き手が正規の話し手の言うことを聞いていることもある。この場合,それが意図的におこなわれているなら「盗み聞き」,たまたま聞こえてしまったなら「立ち聞き」と呼ばれる。出会いにおいて,「正規の参与者は聞いていないかもしれないし,聞いている誰かは正規の参与者でないかもしれない」(Goffman, 1981) のである。

出会いへの正規の参与者の他に,正規の参与者の姿が見え,声が聞こえる範囲に人がおり,しかもその存在が正規の参与者たちに気づかれている場合,それら外部者は「傍観者」となる。出会いの中でおこなわれているコミュニケーションに対する傍観者の関係は,その内容が偶然聞こえてしまった「立ち聞き」かもしれないし,意図的に聞こうと試みた「盗み聞き」かもしれない。いずれにしても傍観者たちには,「『自分たちはその場に存在していない』という虚構をできるかぎり支えるように振る舞うこと」(Goffman, 1981),たとえば無関心を装ったり,実際にその場を離れたりすることがエチケットとして課されることになる。

さらに,出会いをめぐって複数の正規の聞き手および／あるいは複数の傍観者が居合わせるときには,「支配的コミュニケーション」の周囲に「従属的コミュニケーション」が形成されることがある。ゴフマンは,従属的コミュニケーションが正規の参与者間でおこなわれる場合に「脇演技 (byplay)」,正規の参与者と傍観者との間でおこなわれる場合に「交差演技 (crossplay)」,傍観者間でおこなわれる場合に「副演技 (sideplay)」という用語をあて,これらを区別する。

このように傍観者の存在を考慮することは,議論の範囲を焦点のある相互作用である「出会い」から,より一般的な概念である「社会的状況」および「集まり」へと再び拡大することになる。その上でゴフマンは,集ま

りの中の特定の個人の発言を基準としたとき，集まりの他のメンバーがその発言に対してもつ関係（たとえば正規の聞き手なのか，傍観者なのか，など）を「参与状態」，そして，その瞬間においてその発言に対し集まりの各メンバーがもつ関係の総体を「参与枠組」と定義するのである(Goffman, 1981)。

　ここまで見てきたように，集まりの中でおこなわれるコミュニケーションは，そこに関わるさまざまなメンバーの参与状態，そしてその総体としての参与枠組が刻々と組み替えられていく動的な過程である。そこでは支配的コミュニケーションに脇演技，交差演技，副演技といった従属的コミュニケーションが多層的に重ね合わされており，その進行は決して直線的ではない。さらに，それは予測していなかった傍観者の登場といった偶発的出来事がもたらす揺らぎから自由ではないのである。しかし，集まりがもともとこのような揺らぎをはらんだものであるとすれば，突然の携帯電話がもたらす参与枠組の揺らぎがことさら私たちの目を惹くのは，一体なぜか。

　そこには，（1）電話の呼び出し音が参与枠組の揺らぎをその場にいる全員に一気に知らせること，（2）電話をかけてきた相手が誰かが分かるのは多くの場合，電話の受け手だけであること，（3）携帯電話は通常持ち主の近辺に置かれているため，呼びかけに応ずるための身体移動やそれに要する時間などの「準備段階」がほとんどないこと，そして（4）携帯電話の受け手が電話を「（電源を切るなどして）受けない状態」にすることができたにもかかわらず「受けられる状態」にしておいたこと自体が，共在する参与者から「不適切な関与」と見なされる可能性があること，などの事情を指摘できる。（1）と（2）は固定電話にも共通の，（3）と（4）は携帯電話に固有の事情である。「突然の携帯電話に話し相手を奪われる経験」と「突然の固定電話に話し相手を奪われる経験」を隔てる要因には，おそらく（3）や（4）が含まれるのだろう。

　理由はどうあれ，携帯電話が共在の場に生み出した波紋はいずれ解消され，平穏な状態が回復されなければならない。しかし，水面に生じた波紋

は時間がたてば自然とおさまるのに対し，社会的場に生じた波紋はあくまでも社会的に解消される必要がある。次節ではここまで論じてきた参与枠組という概念を補助線としながら，生じてしまった波紋を解消するための社会的方略を，実際の会話データに即して見ていくことにしよう。

3．参与枠組の揺らぎとその修復（1）
　　──参与枠組の分離と再結合

　本節では，飯島（2003）の採取した会話データとその解釈を参照しながら，参与枠組の揺らぎを修復するための方略として「参与枠組の分離と再結合」が存在することを示す。最初の会話データを見てみよう。

　　［データ1］（TI 1)
　　　アツシ，ゲンキ，イツコの3人での会話場面。
　01　イツコ：　じゃ[あ最後にテロップにあなたのお母さんの名前を
　02　　　　　　(1.0)
　03　ゲンキ：　　　[((ゲンキの携帯電話の着信音))
　04　イツコ：　あれ？((ゲンキに視線を移動。アツシも視線をゲンキに))
　05　　　　　　(0.5)((この間にゲンキはイツコの方を向いたまま，着信に応答しようとポケットから携帯電話をとりだしはじめる))
　06　イツコ：　あ:,いいよ..hhh
　07　アツシ：　はるか.
　08　　　　　　(3.0)((ゲンキはうなずいてから着信通話ボタンを押し，イツコとアツシのいない方を向く。イツコは視線を自分の手元の資料に，アツシはイツコに向ける))
　09　ゲンキ：　もしもし.(3.0)まだやってる.
　10　　　　　　(0.2)

```
11  イツコ： ((アツシの方を向いて))うん．
12  ゲンキ： ((イツコの方向を向く))
13  イツコ： ((ゲンキをみる))
14  ゲンキ： ((身体を後にそらせながら))まだやってるよ．
15  イツコ： ((アツシの方に向いて))うん,そう,それでね,なんか
16         ね,あの::::
17         (1.0)
18  ゲンキ： ちょっと待っとけ,(.)んじゃ．((アツシがゲンキに視
           線を向け，少しおくれてイツコもゲンキの方を見る))
19         (2.0)
20  ゲンキ： わあった,(0.5) はい．
21         (2.0)((この間にゲンキは携帯電話を切る))
22  イツコ： 相棒ですか．=
23  ゲンキ： =あいです..hh=
24  イツコ： =あっ(.)じゃあ,そろそろ(.)出ても,かまわないです．
```

01行目のイツコの発言に割りこむ形で，ゲンキの携帯電話の着信音が鳴る。04行目のイツコの「あれ？」という言葉，およびこの言葉と同時にイツコとアツシが携帯電話の持ち主であるゲンキの方に視線を向けていることは，この着信によってそれまで成立していた参与枠組に変化が生じつつあることに参与者が敏感に反応していることを示している。

飯島によれば，06行目に見られる「ああ，いいよ」という発言は，イツコがこの撮影場面の責任者としての立場から，撮影中にゲンキが携帯電話に出ることに許可を出したものである（ちなみに，07行目の「はるか」はゲンキの携帯電話の着信メロディの曲名である）。

映像ではゲンキの表情が見えないものの，イツコのこの発言に先立ってイツコに顔を向けていたことから，ゲンキが表情によって電話に出る許可を求めていた可能性も考えられる。後に見る［データ2］では，携帯電話の持ち主が「すみません」と発言しながら頭を下げ，他のメンバーがうな

ずくことで電話に出る許可をあたえる様子が見られる。どちらのデータでも，着信があった携帯電話の持ち主に対して他のメンバーが電話に出る許可を出しているのは，前節で述べたように，他者といるときにかかってきた電話の相手と話すこと，また，そもそも電話に出ること，出られる状態にしておくこと自体が，他の参与者から「不適切な関与」と見なされる可能性をはらんだ行為だからである。しかし，なぜ人はそのような危険を冒してまで電話に出るのだろうか。

　ホッパーは，電話ではかけ手だけが受け手が誰だか，また電話をかけた理由を知っており，このようなかけ手と受け手との関係の非対称性が「かけ手のヘゲモニー」を生み出し，受け手の応答を強制するのだと論じている（Hopper, 1992）。しかしこの説明は，ナンバーディスプレイ機能が完備している携帯電話に対しては成り立ちにくい。より有力な答えは，シェグロフが論じているように，呼びかけに対して優先的に応答することは，コミュニケーションにおいて遵守されるべき基本原則のひとつであるということである。この原則は電話による呼びかけにも対面的呼びかけにも同じように成立する。しかも，呼びかけの影響は直接呼びかけられた者以外の参与者にもおよぶ。それらの参与者は，呼びかけられた者が呼びかけへの応答を優先することに積極的に協力するとともに，しばしば自分たちが聞き耳を立てていないことを示すための会話に従事するのである（Schegloff, 2002；また，本書序章を参照）。

　［データ1］においてもイツコは11行目において，携帯電話の着信以前に話しかけていた話題についてアツシと会話をはじめようとしている。これに先立ち，ゲンキが「もしもし」と言いながら電話に出てから「まだやってる」と発言するまでの3秒の沈黙の間，イツコとアツシはゲンキから視線をそらす方向でほぼ向き合ったまま，無言で動かない状態を続けている。様子見とも思えるこの状態は，ゲンキの「まだやってる」という発言をきっかけとしたかのように発せられたイツコの11行目「うん」という言葉によって破られる。このタイミングでイツコがしゃべりはじめたのは，ゲンキがしゃべっているにもかかわらず無言の状態を続ければ，それ

が「立ち聞き」もしくは「盗み聞き」と見なされてしまう可能性を回避しようとしたためと考えられる。ここでイツコは、アツシとの間に副演技を展開することにより、ゲンキと通話相手が参与している枠組と自分たちが参与している枠組との分離を試みた。それによって突然の携帯電話が引き起こした参与枠組の揺らぎを修復しようとしたのである。

　だが、この試みは12行目でゲンキがイツコの方を向き、それに反応する形でイツコがゲンキの方向を見ることによって、いったん中断する。その後、14行目でゲンキが再度「まだやってるよ」としゃべりだしたのをきっかけに、15行目でイツコは再び副演技の開始＝参与枠組の分離を試みるが、それもまたゲンキの「ちょっと待っとけ、んじゃ」という発言によって遮られる結果となっている。このゲンキの言葉がなぜイツコとアツシの注意をひいたのか（18行目で示されているように、この言葉の直後に2人はゲンキの方を見ている）は定かでないが、その後イツコがゲンキに退出の許可をあたえていることから見て、ゲンキの発言が撮影終了をうながす役割を果たしたことは間違いない。

　別の会話を見てみよう。

[データ2]（TI 2）
　　マサル、ウキト、ユキコの3人での会話場面。
01　マサル：　まあ，この学校卒業生ってフリーターとか[多いですか
02　　　　　　らね．
03　　　　　　　　　　　　　　　　　　　　　　　　　[（（ウキトの
　　　　　　　携帯電話の着信メロディが鳴る））
04　ユキコ：　（（ウキトに一瞬視線を移す））
05　ウキト：　すみません．（（頭を下げながら体を大きく左に向け，携
　　　　　　　帯電話の着信音に応答する準備をする））
06　マサル：　（（ウキトを見てうなずく．その後，視線をウキトから
　　　　　　　そらす））
07　ユキコ：　ていうかさ：．（（マサルに話しかける））

08	ウキト：	もしもし.
09	ユキコ：	°Ｉさんてさ:.° ((マサルに身体を近づけ，声を下げる))
10	マサル：	[((うなずく))
11	ウキト：	[はい.((携帯電話に応答中))
12	ユキコ：	((マサルが身体をユキコに近づける))°何の人だっ
13		け?°
14	マサル：	°ん?°
15	ユキコ：	°Ｉさんって何年生?° ＝
16	ウキト：	＝ち,やだよばか,やってるやってる.

　この会話でも［データ１］と同様に，携帯電話の着信音による割り込みに対し，呼び出された者以外の参与者が敏感に反応し，呼び出された者の断りに対し，他の参与者が承認をあたえる一連の過程を観察できる。

　このデータの特徴は，09行目のユキコの発言をきっかけとして速やかに参与枠組の分離がおこなわれていることである。実際，09行目以降のユキコとマサルの声の大きさは，ウキトのそれにくらべて明らかにおさえられているし，それに応じて２人はお互いの方向に身体を寄せ合っている。デュランティ（Duranti, 1997）は，支配的コミュニケーションの邪魔にならないように姿勢と声の大きさを調整しながらおこなわれている脇演技の様子を紹介しているが，ここでもそれとまったく同じ調整が見られるのである。

　しかしながら，ここでひとつ疑問が生じる。なぜ，この会話ではユキコとマサルの側が声量の調整をおこなっているのだろうか。デュランティが用いている脇演技の例であれば，それが正規の参与者間でおこなわれる従属的コミュニケーションと定義される以上，他の正規参与者間でおこなわれている支配的コミュニケーションへの配慮として声量を下げるのは理解できる。だが，この会話においては事情が異なっている。確かにウキトとその通話相手の構成する参与枠組を基準とすれば，ユキコとマサルは傍観

者であり、2人の間のコミュニケーションは従属的コミュニケーション＝副演技となる。しかし、ユキコとマサルが構成する参与枠組を基準とすれば、今度はウキトとその通話相手が傍観者となり、その間のコミュニケーションこそが副演技と見なされるべきであろう。原理的にはこのような対称性が存在するはずなのに、実際にはユキコとマサルの側が副演技に携わっているように見えるのはなぜか。

　その理由はおそらく、ユキコとマサルから見て、ウキトは正規の参与者としての資格を失っていないからである。つまりウキトは、一時的にユキコとマサルの参与する枠組から離脱してはいるものの、やがて帰ってくる潜在的参与者と見なされている可能性が高い。09行目以下の副演技で、それまでの会話とまったく異なる話題が選ばれていることもその傍証となる。ここでは、ウキトの離脱直後にそれまでとは異なる話題が選択されることによって、ユキコ・マサル・ウキトという3者で構成される参与枠組から、ユキコとマサルの2者で構成される参与枠組への迅速かつ強制的な転換がなされている。それによって、ウキトが離脱している間の会話を、その前後の会話と切り離して「括弧に入れてしまう」操作が可能になっているのである。そして実際、以下に見るようにウキトの通話終了後、開かれていた括弧を閉じる作業がおこなわれることで、ユキコとマサルの参与する枠組へのウキトの再参与が実現されている。

［データ3］（TI 3）
　［データ2］と同じ3人による会話。ウキトの携帯電話での会話が終わろうとする場面。
01　マサル：　°プレ（　　［　　　　　　　）だから.°
02　ウキト：　　　　　　　［じゃ：ね.
03　マサル：　((ユキコにむけていた身体を起こす))
04　ユキコ：　°　100円のやつでしょ.°　((身体を少し後に戻す))
05　マサル：　((指を2本見せて))°　200円.°
06　ウキト：　((通話が終わった携帯電話をポケットに入れる。ユキ

```
                     コはウキトが携帯電話をしまうのを見届ける))
07  ユキコ：  °なんかさ：．°
08  マサル：  うん．
09  ユキコ：  電話ないんだよね，私．
10  マサル：  は？
11  ウキト：  ((10行目と同時にユキコを見る))
12  ユキコ：  電話が切れちゃった．((マサルを見ながら髪をさわる))
13  マサル：  電池？
14  ユキコ：  うん，あれ持ってくるの忘れちゃった．((手で何かの形
              を作りながら))
15  ウキト：  ((手を口にあてる。視線はユキコにむいている))
16  マサル：  充[電器．
17  ユキコ：     [充電器．((視線はウキトに移動))だから電話がない
18            んですよ．((髪をかきあげながら，視線はマサル))自宅
19            生ですか？((視線はウキトに移動))
20  ウキト：  いや．((口にあてていた手をはずして))この辺に，一人
21            暮らし．
```

02行目の「じゃ：ね」というウキトの発言をきっかけに，それまでお互いに身体を近づけていたユキコとマサルは姿勢を戻している。そして09行目の「電話ないんだよね，私」という発言がそれまでの抑えた声ではなく，通常の大きさの声でおこなわれることによって，ユキコとマサルの間で展開されていた副演技が終了したことがはっきりと示されている。この発言は内容的にもそれまでの会話の流れから切り離されており，10行目，11行目でマサルとウキトの視線を同時に得ることになった。さらに18-19行目でウキトに向けて質問を発し答えを得ることで，ユキコとマサルの2者で構成されていた参与枠組からウキトを加えた3者の構成する参与枠組への転換が完了した。こうして，突然の携帯電話によって生じた参与枠組の揺らぎは確実に修復されたのである。

4. 参与枠組の揺らぎとその修復（2）
　　——二つの参与枠組の同時維持

　次に藤巻（2002）の採取した会話データおよびその解釈を参照しながら，参与枠組の揺らぎを修復するためのもうひとつの方略である「二つの参与枠組の同時維持」について論じることにしよう。

　前節で論じた「参与枠組の分離と再結合」という方略では，携帯電話で話している2人の他に，対面して話している参与者が少なくとも2人必要なので，最低4人の参与者が必要であった。3人で話している状況に携帯電話がかかってきて1人がそちらにとられ，残りの2人が会話を進めるというのがその典型である。

　これに対し，本章冒頭の架空の場面のように，2人で話している状況でそのうちのひとりに携帯電話がかかってきたらどうなるだろう。話し相手をとられてひとりになってしまった人物にとって，突然の携帯電話が引き起こした参与枠組の揺らぎは致命的であるように見える。しかしながら，このような状況でもその揺らぎを極力おさえるような修復方略が存在する。携帯電話に呼び出された者が，すでに参与していた枠組と携帯電話によって新たに参与することになった枠組の両方に同時にたずさわることによって，双方への関与と帰属意識を示す方略である。以下の［データ4］はその例であり，電話の受け手が，その場に居合わせる第三者に通話内容が伝わるように，「相手への質問」や「説明的発話」を織り交ぜながら会話を進めている。

［データ4］（FM 11（2））
01　受け手：　もしもし．
02　かけ手：　アヤカ？
03　受け手：　はい．
04　かけ手：　どうしたん？

05	受け手：	あ,アキちゃん,仕事だった？
06	かけ手：	もう,今まで仕事でした.
07	受け手：	はい,おつかれさまでした.
08	かけ手：	は::::い,おつかれさまで[した::.
09	受け手：	[また早番なのにこんなおそ
10		かったの？
11	かけ手：	そ::,そ::,そ::,そ::.
12	受け手：	相変わらずだね.
13	かけ手：	今日なんか7時,7時前出勤やで.
14	受け手：	え,マジで,そんな.
15	かけ手：	ほんまやで.=
16	受け手：	=こんな季節でもまだそんな忙しいの？
17	かけ手：	そ:やな::,も::人がさ:,なんかやめても:たりとかする
18		からさ.
19	受け手：	あ::,そ:なんだ,ふ::ん.
20	かけ手：	そ::,そ::,そ::.

　藤巻はこの会話の受け手側の発言がもつ特徴として，(1) 通常は話題を提供される側である受け手が，質問をすることで積極的に話題を提供している (05行目，09行目，16行目)，(2) しかもそれらの質問がすべて「はい」，「いいえ」で答えられるものであるため，傍らにいる第三者にもかけ手の発言が予想しやすい，(3) 相手がどのような返答をしたのかが予測できるような発言がなされている (07行目，12行目)，(4) 発言の多くが電話をしている当事者にとって必要以上に説明的である (09行目，16行目)，の4点を指摘している。また藤巻は，この会話データとは別に，受け手がかけ手の発言をそのまま繰り返して声に出すことにより，傍らの第三者に会話の内容を理解しやすくしているデータも紹介している。

　藤巻の指摘するこれらの手段はいずれも，非言語的手段による補足をともなわなくとも利用可能なものであり，しかも，各々はそれほど複雑では

ない．しかし受け手はそれらを組み合わせることにより，通話の内容を想像させるに十分な量の情報を，おそらくは対話の直接の相手である電話のかけ手にそれほど不自然に思わせることなく，傍らの第三者にあたえることに成功している．このような試みが成功するには，電話のかけ手と自分，傍らの第三者と自分との間に成立している参与枠組を随時参照しつつ，自らの発言がそれぞれの参与枠組内部でもつ効果を測定し，調整するというきわめて複雑な能力が要求されるはずである．この一見何の変哲もない会話に示されているコミュニケーションの多層性と即興性は，驚くべきものである．

最後に，電話の受け手が，自分とその場に居合わせた第三者との間に成立している参与枠組と，自分と電話のかけ手との間に成立している参与枠組との間で積極的に橋渡しをし，成功している会話の例を見ることにしよう．

［データ5］(FM 12)
01　かけ手：　なにしてんの？今．
02　受け手：　カーテン,買いに来た．
03　かけ手：　カーテン？なんでカーテンなんか買いよん？
04　受け手：　カーテン替えよ::と思って．
05　（省略）
06　受け手：　今,ママ上とカーテンみてんねんで,ママ上と．=
07　かけ手：　=あれ,ほんと,そしたらあかんがな,あんまり(.)邪魔し
08　　　　　　たら．
09　受け手：　いや,別に hh,いや別に hh,(0.5)全然．
10　かけ手：　うそ,カーテン選びなさいよ,じゃ:．
11　受け手：　も:,選んだ．
12　かけ手：　選んだんか．
13　受け手：　も:,決めてん．=
14　かけ手：　=ママ上が話し相手がおらんくってさみしがるがな．

```
15        (0.5)
16 受け手: お母さんはひとりでえらんどるん,なっ,(0.5)ねっ,
17        (0.5)カ::テン選んどるときにお母さん,ひとりにさせ
18        たらあかんでって,いってんで,しゃべってるときに.
19 かけ手: そうよ,ジェントルマンやからな.
20        (0.3)
21 受け手: 誰か知らないけれど.=
22 かけ手: = uhuhuhu[huhuhu.
23 受け手:        [hahaha
```

　この会話では,電話のかけ手が電話の受け手の傍らにいる第三者(=相手の母親)に対して配慮を示している点が特徴的である。最初,かけ手は受け手の傍らにいる第三者の存在に気づいていない。しかし06行目の受け手の発言で受け手が母親と一緒にいることがわかると,07行目,10行目,14行目と3回にわたり相手の母親に対する気遣いを示している。だが,このかけ手の配慮は相手の母親には見えない/聞こえないので,携帯電話によって受け手と母親の参与する枠組に生じた揺らぎを修復する手段とはなり得ていない。

　この膠着状態を打開することになったのが,16-18行目の発言である。ここで受け手は,かけ手が母親への配慮を示した言葉をとらえ,それを傍らの母親に向かって自分の口で繰り返すことにより,自分とかけ手との間に成立している参与枠組と,自分と母親との間に成立している参与枠組とを積極的に橋渡ししている。しかも藤巻が述べるように,「その内容は,まさにその第三者である母親のことを気づかったものであったため,非常に都合のよいものであった」のである。というのも,母親に対するかけ手の配慮が当の母親に対して明示されることは,携帯電話が受け手と母親側に生じさせた参与枠組の揺らぎに対する修復作業としての意味をもったであろうから。

　さらには,16-18行目の「橋渡し発言」によって(受け手と母親との間

に会話がはじまってしまうなど）かけ手と受け手の参与する枠組に揺らぎが生じる可能性があったにもかかわらず，19行目と21行目の発言は「ボケとツッコミ」という一対のコミュニケーションを形づくることでそれをうまく回避している。これらの点において，この会話は二つの参与枠組の間に絶えず生じているはずの緊張を，さりげなくも巧みに調整しながら進行しているのである。

5. 文脈としての参与枠組／参与枠組のもつ文脈性

　ここまで見てきたように，突然の携帯電話が生じさせる参与枠組の揺らぎは，ただちに，そしてさまざまな形で修復される（あるいは，修復のための努力をしているということが示される）。したがって，本章冒頭に掲げた「架空の場面」は，ありそうでいて実際にはほとんどあり得ないということになる。なぜなら，たとえ一方が携帯電話で話していたとしても，並んで歩いている2人はそれまで成立していた参与枠組を放棄するのではなく，何らかの形で維持しようとするだろうから。それが二つの枠組の分離と再結合という形をとる場合，携帯電話で話していない方はもう一人と少しだけ距離をおき，手帳で次の日のスケジュールを確認したり，自分の携帯にメールが来ていないかチェックしたりするだろう。そして相手の携帯での通話が終わった時点で，どちらからともなく参与枠組の再結合がおこなわれるだろう。また二つの枠組の同時維持という形をとるのであれば，お互いに目配せをしたり，微笑みを交わしたり，無言の相槌を打ったりしながら，お互いの間に成立していた参与枠組が維持されていることを確認し合うだろう。

　さらに私たちは，「何が参与枠組の揺らぎと見なされるか」が歴史的・社会的制約の下にあることにも注意を向ける必要がある。ドガや内田百閒が参与枠組の揺らぎと見なしたものを，現代に生きる人びとの多くはもはや揺らぎとは見なさない。また木村（2003）がアフリカでのフィールドワークに基づいて論じているように，現代の日本社会とはかなり異なる形態

の参与枠組をもつ社会が現に存在する。社会成員たちは揺らいだ参与枠組の修復方略を徐々に洗練させていくが，それと同時に，何を参与枠組の揺らぎと見なすかについての感覚をも変容させていくのである。私たちはコミュニケーションの「目に見える部分」の背景にあり，その意味を支えている文脈としての参与枠組に注意を払うと同時に，そのような参与枠組もまた，ある歴史的・社会的文脈の中で成立していることを忘れてはならない。

第9章

携帯電話を用いた道案内の分析

1. はじめに

　携帯電話によって私たちは，遠隔で会話ができるだけでなく移動しながらでも相手と話すことができるようになった。このことによって，例えば遠隔における救急医療の作業などが携帯電話を利用して行われるようになっている（第10章を参照）。
　だが私たちは，携帯電話という新しい道具を使うからといってすぐさま遠隔でそのような作業ができるようになるわけではない。
　というのも，対面における作業とは異なり，こうした遠隔作業のコミュニケーション過程では，私たちは「遠隔において（＝お互いが見えないまま），移動している（あるいは移動可能である）状態で，話している」ということを，作業の進行に適った形で配慮する必要があるからだ。つまりそれを適切に配慮しなければ，およそその作業自体がうまく進行できないという実践上の課題に直面しているのである。
　本章では，以上のような実践上の課題がどのようなものであり，私たちがそれをどのように配慮しているのかということを，会話分析の知見を援用しながら，「携帯電話を用いた道案内の実験」における具体的なデータを手がかりに考えていく。

2. 分析の視点

　本章で扱うのは，埼玉大学の学生によって行われた「携帯電話を用いた道案内の実験」によって得られたデータである。「道案内」とひとくちに言っても，細かくみていけば，そこで行われている作業とは，自分たちがどこにいるのかを相手に尋ねる・教示する作業，次に行く場所を決める作業，移動経路や移動方向を指示する作業，到着を報告する作業などと多岐にわたる。だがこうした作業を，話者の移動の仕方からみてみると，以下の二つの移動形式を伴うものとして考えられる。

　（1）間欠的（intermittent）移動
　間欠的移動というのは，話者は通話時には定点にいるが，通話を終えた後者の片方あるいは双方が移動する，といった作業を間欠的に繰り返すような移動の形式を指し，さらに，①片方が定点におり，片方が移動を繰り返す，②双方ともに移動を繰り返す，の二つの形式が考えられる。
　携帯電話が用いられる以前においては，主に固定電話と公衆電話の間で固定電話を利用する片方がある地点におり，公衆電話から電話する方が移動していくような①のやりかたが行われていたが，携帯電話が用いられるようになってからは，①の移動形式のほか，携帯電話を用いた双方が移動を繰り返しながら連絡を取り合うといったような②の移動形式が可能になった。

　（2）オンライン移動
　オンライン移動とは，話者の片方あるいは双方が電話をかけながら移動する形式を指し，さらに，①片方は固定的な場所におり，もう一方が通話をしながら移動する，②両方とも通話しながら移動する，という二つの形式が考えられる。
　こうしたオンライン移動は無線でのやりとりの場合もあるが，携帯電話

が用いられるようになってからは携帯電話で頻繁に行われるようになってきた。（1）の間欠的移動の間にオンライン移動を行うことも多い。

こうした話者の移動の仕方（特に（1）-①や（2））は，携帯電話が使われる以前では一般にはほとんどなされることはなかったが，今では「道案内」や「待ち合わせ」などの一連の作業においてすでにおなじみのものとなっているといえるだろう。では，こうした移動を伴って「道案内」の一連の作業が行われる中には，どのようなコミュニケーション上の課題があるのだろうか。このことを間欠的移動を伴うデータ（3節）とオンライン移動を伴うデータ（4節）を見ていくことで確認していこう。

3．間欠的移動を伴った事例

3.1.「とりあえず」の待ち合わせ

人と会う時に，携帯電話で「とりあえず〇〇に来てよ（行くよ）」と言って待ち合わせをした経験は誰でもあるだろう。こうした待ち合わせでは，「とりあえず」の約束をして，その後に，ある一連の作業がなされて，再度移動することが，双方に期待されているのである。例えば，以下の事例をみてみよう。

［データ1-1］（新宿道案内1）
　　（ナナオとヒトシは互いが新宿駅近くにいることを知っており，ナナオがヒトシに会う必要があることを説明した後から始まる）
01　ナナオ：　いまどこにいる:?
02　ヒトシ：　(2.0)いま:は:ね,サワーレコード.
03　ナナオ：　サワレコか,
04　　　　　　(2.0)
05　ヒトシ：　うん.
06　ナナオ：　サワレコいくか　じゃあ

```
07          (1.0)
08  ナナオ:  じゃあサワレコいく,あの::出てすぐのところで
09          しょ?
10  ヒトシ:  (2.5)そうそうそ[う.
11  ナナオ:               [だよね:わかった,今から行くか
12          ら.
13  ヒトシ:  え どこ:に行って-行けばいいの 俺は.
14  ナナオ:  とりあえず::いいや とりあえずそこ::
15          まあうろうろしてて.
16          (.)
17  ヒトシ:  [はいはい.
18  ナナオ:  [着いたら電話する.
19          (0.2)
20  ヒトシ:  は::い わかった.
21  ナナオ:  じゃあね::
22  ヒトシ:  はいよ:.
```

　ここでは,ナナオがヒトシのいる「サワーレコード」(以下固有名詞はすべて仮名)に行くと言ったあとで,ヒトシの側はより詳しく落ち合う場所を決めることを提案して,ナナオに尋ねているのだが(13行目),ナナオはその詳しい場所をいますぐに決めることを拒否している(14-15行目)。そしてナナオが「サワーレコード」に着いてから電話をして(詳しく落ち合う場所を決める)ことになっている(18-20行目)。

　このように,「とりあえず」場所を決めるような約束においては,その場所まで移動してから相手に電話することが前提になっており,そこであらためて,①相手の場所をより詳しく特定すること,②さらに(どちらかが)移動する場所を決めて,再び移動する,ということが期待されているのである。

　ここでは,この話者の「移動」に挟まれた,①②の二つの作業がもつ固

有の課題について，データに即しながら考えてみたい。

3.2. 居場所を特定する困難

以下は，［データ 1-1］のデータの続きであり，ナナオが到着した後に，ヒトシが電話を掛けているところである。

［データ 1-2］（新宿道案内 1）
```
01  ヒトシ：  もしもし.
02  ナナオ：  もしもし:?
03          (.)
04  ヒトシ：  >はいは[いく
05  ナナオ：        [何階にいる?
06  ヒトシ：  (.)あ,俺 1 階まで降りてきちゃった.
07  ナナオ：  >うそ<
08          (.)
09  ヒトシ：  [あ::
10  ナナオ：  [いっか h:::1 階::外に出てる?
11  ヒトシ：  (.)うん.
12  ナナオ：  まじで?
13  ヒトシ：  そう,うん.
14  ナナオ：  ちょっと[まってね?
15  ヒトシ：         [ちょっと遅かったな,うん.
16  ナナオ：  え::とね:::外のさあ::もうそと[出て
17  ヒトシ：                              [うん.
18  ナナオ：  すぐ-すぐのとこにいる?
19  ヒトシ：  いるよいま,うん.
20  ナナオ：  どこだろ-どのへんなんか,目印になるものとか.
21  ヒトシ：  (3.0)いや,いりぐ-あの::2 階だけどね=2 階って
22          言うか.=
```

23	ナナオ：	=え, 2階?
24	ヒトシ：	(.)なんつったらいいの?
25	ナナオ：	ふふふ:::2階?
26	ナナオ：	外じゃなくて:[地面じゃなhくてh?
27	ヒトシ：	[え::
28	ヒトシ：	いや,外:::なんだがあ::
29	ナナオ：	うん,なんだがあ::
30	ヒトシ：	あの::　1階って何があるっけ=キャップ
31		じゃなくって::
32	ナナオ：	うん,キャ:ップじゃなくって?
33		(.)
34	ナナオ：	あの[さ::
35	ヒトシ：	[あの(.)うん.
36	ナナオ：	あの:::なんだろ:あh の::そh の::階段登ったと
37		こ,でっかい.
38		(2.0)
39	ヒトシ：	うん,階段:[:登ったところにいる,いる(.)
40	ナナオ：	[(そこに行くから:)
41	ヒトシ：	いる:から::あ,今,おまえ下にいんの?
42	ナナオ：	ん:?
43	ヒトシ：	お前いま　1階にいるの?
44	ナナオ：	うん.1階っていうか地面にいる.
45	ヒトシ：	あ　ホントじゃあ今行く行く.
46	ナナオ：	あ::はいよ::↓=あ,もしもし?
47	ヒトシ：	え
48	ナナオ：	あのね::だから::え::と::できるだけ:::(.)
49	ヒトシ：	うん.
50	ナナオ：	あの::あ,ちょっと待ってやっぱ　うちらがいく.
51	ヒトシ：	(.)うん.

52 ナナオ: うん.
53 (.)
54 ナナオ: オーケー?
55 ヒトシ: はい,はい.
56 ナナオ: は::い,じゃあね::

　ナナオに何階にいるかと聞かれたヒトシは，自分のいる場所を1階であると答えている。さらにナナオから外にいるかと聞かれ，外にいると答えており，何か目印がないかと尋ねられている。こうしてナナオがヒトシに質問を繰り返しながら，ヒトシの場所を特定していこうとするのだが，途中から，ヒトシが「2階だけどね=2階って言うか.」と言い直したため，両者は，ヒトシの場所を特定するやりかたに対して迷い始めることになる。

　なぜ，このような問題が両者に起きているのだろうか。ここで問題になっている「サワーレコード」とは，あるビルの7階から10階までの「サワーレコード」という店舗の名前なのであり，必ずしもビルの名前ではない。ヒトシはそのビルの入り口で待っていたほうがナナオと早く会えると考え，わざわざビルの「入り口」まで移動して，待っていたのだ。しかし，ナナオが［データ1-2］で，ヒトシの居場所を特定することに手間取っているのはこのビルが1階からも2階からも入ることができる構造になっているためである。つまり入り口が2つあったのである。

　ヒトシはそのビルに駅から直接来て2階から入ったため2階を「入り口=1階」とみなしていた。だがナナオはまったく違う方向から来ていたのである（［地図1］参照）。

　ここでの問題は，ヒトシが「1階」「2階」というビルの「階」に準拠した表現で自分の居場所を特定することに，トラブルを感じているということだ。自分がいる階にも，下の階にも，「入り口=1階」がある。だが，ヒトシにとっては，ナナオがどちらに準拠して「1階」と述べているのかがわからないのである。

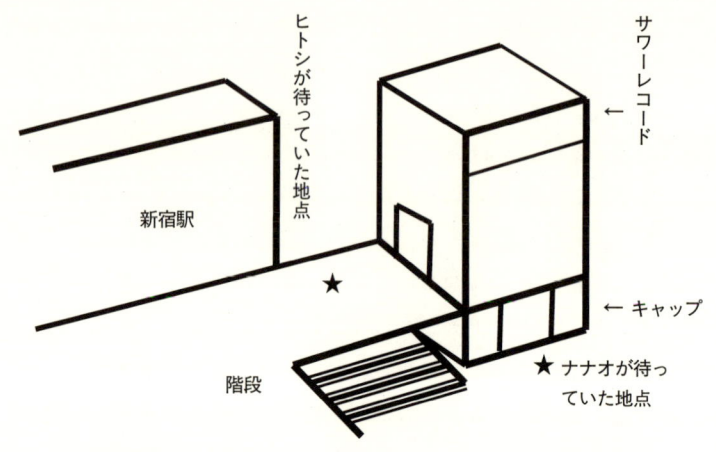

[地図1] [データ1-2] におけるナナオとヒトシの位置

3.3. 場所を定式化する作法——シェグロフの考察

　こうした事態が私たちに思い起こさせてくれるのは，場所を指し示す（定式化する）ときには，あらかじめ配慮しておくべき事柄があり，そうしたことが適切に配慮されていないと，ただ場所を言葉で指し示す（定式化する）されただけでは，私たちはその場所がどこかを特定することができない，ということだ。では私たちは，どのようなことに配慮しながら場所を指し示している（定式化している）のだろうか。

　こうした問題の仕組みをこれから考えていくにあたって，会話分析者のシェグロフが1972年の著作（Schegloff, 1972b）で指摘した考察は役に立つ。彼が指摘したのは，場所を定式化するにあたっては，気に掛けられるべきある作法があるということだった。

　その一つは，私たちが話し相手と共有している（co-presence）場所がどこなのかを分析し（location analysis），そこに準拠して，対象が位置する場所を指す言葉を用いている，というものだ。

　例えば，先の [データ1-1] における，

```
01　ナナオ：　いまどこにいる:?
02　ヒトシ：　(2.0)いま:は:ね,サワーレコード．
```

というやりとりでは，ヒトシは自分の場所を「サワーレコード」（全国展開しているレコード店の名前）と定式化している。だが「サワーレコード」という名前の店舗は全国にある。にもかかわらず，ひとまず「サワーレコード」という言い方だけでナナオとヒトシにとってその場所が特定できているのは，両者がお互いを「新宿駅」にいるのだと，そのこと自体は語られていないのにも関わらず理解し合い，その場所に準拠してこの「タワーレコード」を理解しているからなのである。

3.4. 場所の特定の作業──相手の場所の分析と準拠点の設定

こうした場所の定式化の作法を念頭におくと，相手の場所を適切に特定するという作業がもつ課題の一つは，互いがどこにいるのかをわかったうえで，その場所に準拠しながら相手の場所を定式化するということになる。

だが，携帯電話では，対面状況とは異なり，相手がどこにいるのかということはその都度なんらかの形で発言の中で確認されなければならない。先の事例のように，「サワーレコードで」，と約束していても，そこに居るとは限らないのだ。となれば，準拠点を設定するにあたって，まずは相手のいる場所を相手の発言から分析することが必要となる。

先の事例でこのことをみていこう。先のヒトシの問題は，ビルの「階」に準拠して自分のいる場所を定式化しても，うまくその場所を特定できない，ということであった。では両者はこうした困難をどのように，解決していくのだろうか。

ナナオは，ヒトシの場所を特定するために，それまでナナオが使っていた「１階」の代わりに「外じゃなくて:地面じゃなｈくてｈ?」と，「地面」という表現に変えるが，ヒトシは「外」であることは認めながらも，「地面」であることは明言を避けている。このため，ヒトシの場所がナナオが言う「１階=地面」なのかどうかはわからないままである。

だが次に，ヒトシが「１階って何があるっけ=キャップ（洋服店の名前）じゃなくって::」と確認したことで，ヒトシのいる場所がナナオの指して

いる「1階」とは異なること＝「2階」であることが暗示される。そしてナナオが，その「1階」と「2階」とをつなぐ「階段」に準拠したことで，ようやく両者は，ヒトシの場所を「階段登ったとこ」と特定することに成功したのだった。

このように，ヒトシの発言からヒトシの場所や位置を分析し，それに基づいたからこそ，ナナオが準拠点を設定することができたということがわかるだろう。

3.5. 移動に志向した場所の定式化のデザイン

さて，先に述べたように，「とりあえずの約束」のあとには，相手の場所を特定したあとには，どちらかが移動して，互いが出会うということが期待されている。

ナナオは互いの場所を分析したあと，「階段」に準拠してヒトシの場所を「階段登ったとこ」と定式化して，ヒトシの場所を特定することができた。もう一つ注目しておきたいのは，こうしたナナオの定式化の仕方が，単に場所の分析に基づいているだけでなく，両者が次になすべき作業である「移動する」ことに配慮した表現をしていることである。

ここでシェグロフが指摘した場所の定式化に関するもうひとつの作法を紹介しよう。それは，私たちが場所を定式化するときには，それが話者たちの話題や，目下行っている（行うべき）活動を分析して（topic or activity analysis）場所を指す言葉が選ばれているということだ（Schegloff, 1972 b）。

このことを念頭におきながら先のデータを再びみてみよう。

ヒトシの場所を特定するだけであるのならば，ナナオは直前の会話に出てきた「階」や「キャップ」に準拠して，「じゃあそっちは2階？」や「キャップがないほう？」などと聞いてもよかったはずである。だがここで，ナナオは，「階段登ったとこ」という言い方をした。そして，そのことで，ナナオ自身のいる場所が「階段の下」であるということが示唆され，ヒトシがナナオの場所を確認することができているし，さらにヒトシ

から「じゃあ今行く行く」という移動の提案がなされている。

　ナナオによるヒトシの場所の定式化の表現である「階段登ったとこ」がここで適切なのは，互いの場所の分析に基づいていただけでなく，次になされるべき作業，つまり，「誰がどのようにどこに移動するのかということを決める」という作業に役立つようにデザインされているためなのである。

3.6. どのように移動するのかの決定――互いが出会うことへの志向

　相手の場所が特定されたならば，次に行われるのは，誰がどのようにどこに移動するのかということを決める作業である。こうした作業は，場所の特定の仕方に基づきながらも，互いが出会うということに，より志向した作業になる。

　例えば，上記のデータの場合，ナナオがビルの中のエレベーターを利用して2階にあがるよりも，場所の特定に登場した，「階段を登って」ビルの外からヒトシのいる2階まで移動することが期待されるかもしれない。これは，たどり着きやすさとは関係なく，こうした場所の特定の仕方を前提にして，互いが待ったり（ヒトシが外の階段のほうを向いて待っているなど）・移動したり（入り口に向かって歩くなど）するほうが，より「会いやすい」からである。

　このことは以下の事例において，より明白にあらわれている。以下は，「とりあえず」の約束場所に到着したことを報告している通話である。

```
［データ2］（新宿道案内2）
01　カズオ：　もしも:::し
02　ヒロシ：　もしもし, 3階[に着きましたけど:[:
03　カズオ：　　　　　　　　[はい.　　　　　[はい.
04　ヒロシ：　え:::と　どの辺にいますか　何売り場::
05　カズオ：　(1.0)え:し:シ::ディ:のところにいるんですけれ
06　　　　　　ども::
```

```
07  ヒロシ：  CD.[はい.
08  カズオ：    は[い.
09  ヒロシ：  (1.0)CDは:::どこだ:::(4.0)CD?
10  カズオ：  (.)はい.
11           (1.0)
12  カズオ：  え(.)今どこにいます?
13  ヒロシ：  今:(.)家電,家電のところ[に
14  カズオ：                        [家電,あ,はい.じゃ
15           あそっちの方に行ってみます.
16  ヒロシ：  はい.
17  カズオ：  はい,家電.
```

　ここでは，ヒロシが提示した「売り場」に準拠しながら，カズオは自分の場所を「シ::ディ:のところ」と定式化して教えている．だが，ヒロシはその場所を特定することがなかなかできないことを示す．するとヒロシの居場所である,「家電のところ」という言葉を聞いて，その場所を特定できたことを示したカズオが，移動することになったのである．

　ここでは，先の事例のように，「柱」や「階段」「エレベーター」などと，場所を特定する準拠点を新たに探すことも可能であったはずである．だが，さらに言葉で場所を定式化して特定することよりも,「そっちのほうに行ってみます」というように，場所を特定できた側が移動しているのだ．

　このように，場所の特定のされかた（どのように場所を特定したのか，誰が場所を特定したのかなど）をふまえて，この2人の第一の目的である,「会う」ということがスムーズに行われるように移動の仕方が選択されているのである．

4. オンライン移動を伴った事例
――方向指示を受けながらの移動

4.1. 明示的な相互確認を欠いた移動の相互承認

　以上では「とりあえずの待ち合わせ」が，その待ち合わせの場所まで「とりあえず」移動した後，携帯電話を通じて相手の場所の特定・移動先の決定を行ってからさらに再び移動するという流れにあることを指摘した。またこうした移動に挟まれた作業においては，移動してきたこと及びこれから移動することに関わって配慮されるべきいくつかの課題があることを確認した。

　ではオンライン移動を伴った作業においてはどうだろうか。オンライン移動では間欠的移動とは異なり，移動と会話が同時並行的に進行していく。こうした移動と会話の関係においてはどのように作業がなされ，そこではどんな課題があるのだろうか。ここでは，移動しながら方向指示を相手から受けているいくつかの事例をもとに考えてみる。

　以下の会話は，「歯医者」がある場所に移動することをアキラから指示されたマサシが，その場所まで移動したことを報告したところから始まっている。そして再びアキラがマサシに次の移動先を指示し始める。

```
［データ３］（埼玉大学道案内）
01　マサシ：　［もしもし,歯医者,きました
02　アキラ：　［(　　　　　　　ちゃん)
03　マサシ：　カカハシクリニックって
04　アキラ：　うんそうそうそう,そこ::の道を,右折するんだ．
05　マサシ：　右折？
06　アキラ：　右折:右にま-ひだ:左に::(.)曲がってくんだ．
07　マサシ：　こっちだ:((隣の同行者に指示))
08　　　　　　(5.0)((歩いている音))
```

```
09  マサシ：  うん:::で
10  アキラ：  ((他の人がアキラの使っている地図に近づいて
11           くる))〈ちょっとまっ〉NPO介護派遣システムっ
12           ていう青い看板ってわかる?=
13  マサシ：  =あ::あ::あるあ[る
14  アキラ：               [そこをまっすぐ
15  マサシ：  それで=
16  アキラ：  =すと右にね:(0.5)右になんかシマサキ装飾って
17           ところが::
18  マサシ：  ん:
19  アキラ：  そこ::そこまでくる?
20  マサシ：  はいはいシマサキ:::装飾.
```

ここで注目したいのは，04-06行目の指示の出し方と，それ以降の指示の出し方の違いである。04-06行目は，移動先に到着してから連絡をした最初の指示なので，間欠的移動における指示の仕方である。一方，07-14行目では，相手が移動していることを前提として方向指示を出しており，オンライン移動における指示の仕方になっている。

まず，間欠的移動における指示の仕方の特徴をみてみよう。マサシは，移動したことの報告を行い（01行目），それがアキラに受け止められたあと（02行目），（あらかじめ出されていた指示の移動目印であったであろう看板の文字の）「カカハシクリニック」を出すことで，移動の確認の求めをしている（03行目）。これに対してアキラは移動の確認を与え，そこにマサシがいることを前提として次の移動の指示を出している（04-06行目）。この01-06行目で，指示する側であるアキラは，被指示者の移動先を確認したことを示してから指示を出していることがわかる。

これに対して，オンライン移動における指示の仕方はどうだろうか。次に指示を受けたマサシは，その指示に従って移動したことをアキラに報告することはせず，アキラに更なる指示を促している（09行目「うん:::

で」)。そして，これをうけてアキラは，（新しい指示に必要な対象が見えるかどうかは確認しているが）マサシの移動自体は確認することなく，新たな指示を始めている（10-14行目）。同様のことは，15行目のマサシと16-19行目のアキラとのやりとりでも見ることができる。つまり，オンライン移動では，被指示者は移動したことの報告や確認の求めを明示的にせず，新しい指示を促すこと，そして指示する側は移動の確認を与えることをせずに，新しい指示を出していることがわかる。

　こうした指示の出し方は，あわてているために，たまたま移動の確認が省略されているのではないか，とみえるかもしれない。だがそうではない。オンライン移動においては，指示を受けながら被指示者が移動している，ということが指示者と被指示者の間で前提となっている。このため，オンライン移動においては，①被指示者が指示に従って移動したということが，被指示者が次の指示を促すことによって示されているとみなされており（＝非明示的な移動の報告），②こうした促しをうけた指示者による新しい指示は，被指示者が先の指示に従って移動しているであろうことを前提にして出されており，③指示者が新しい指示を出すことによって，被指示者が先の指示に従って移動したことを認めたことになっているのである（＝非明示的な移動の承認）。

　このようにオンライン移動においては，明示的には移動の相互確認はなされてはいないが，互いにやりとりを進行するなかで，移動の相互承認が達成しているのである。

4.2. 明示的な相互確認の欠如が招くトラブル

　オンライン移動をともなった指示作業で，移動に関して明示的な相互確認がなされずに，移動の相互承認が達成されていくということは，被指示者が指示された場所に移動できたかどうかをその都度改めて話題にしなくてすむという点で，一方では作業の効率化につながるものである。だが他方では，このように明示的な相互確認の機会を欠くことが移動の「間違い」の発見を遅らせることもある。

次のデータは「新宿コル劇場」近くの「ゲーセン」(ゲームセンター)にいるミチコが、ツヨシのいるファーストフードのチェーン店「ムスバーガー」の場所を案内してもらっている会話である(データ中で言及されている「ラッテリア」もファーストフードのチェーン店の名前である)。

[データ4](新宿道案内3)
01　ミチコ：　うん.どこのムスバーガーよ.
02　ツヨシ：　あのね::
03　ミチコ：　うん.
04　ツヨシ：　ゲーセン出て:
05　ミチコ：　出ました.
06　　　　　　(2.0)
07　ツヨシ：　でも出るつってもどっちから出る:あのね,映画,
08　　　　　　映画,映画,[映画,映画::のほう
09　ミチコ：　　　　　　[うんうん.映画館のほう?
10　ツヨシ：　うん.にあるところ.
11　ミチコ：　映画館側に出て:
12　ツヨシ：　そうそう.
13　ミチコ：　ラッテリアがあって:
14　ツヨシ：　そうそうそうそう.
15　ミチコ：　そこをもうちょっと左?
16　　　　　　(2.0)
17　ミチコ：　先?
18　ツヨシ：　(1.4)そうそうそう.
19　　　　　　(3.0)((歩いている音))
20　ミチコ：　あの::1回道に出たら見える?
21　ツヨシ：　(0.8)見える::よ.うん.結構遠くからでも見える.
22　ミチコ：　うそ.
23　ツヨシ：　(.)うん.

24　ミチコ：　あれ,間違ったほう来ちゃったかな.
25　　　　　　(10.0)((歩いている音))
26　ミチコ：　あれ?
27　ツヨシ：　(.)わかん[ね.
28　ミチコ：　　　　　[交番のほうじゃないの?間違えた?
29　ツヨシ：　交番?[交番のほう?
30　ミチコ：　　　　[間違えた?
31　　　　　　(2.0)
32　ミチコ：　あ,間違えた.あ,
33　ツヨシ：　中にいるからわかんない.=
34　ミチコ：　=待って,広場の：
35　ツヨシ：　(.)うん,そうそう広場の：
36　ミチコ：　奥:?
37　ツヨシ：　(.)そうそうそう.[広場の奥の:.
38　ミチコ：　　　　　　　　　[あ:間違えた.
39　　　　　　(2.0)
40　ミチコ：　逆の:
41　ツヨシ：　(.)うん.
42　ミチコ：　映画館のほうに:
43　ツヨシ：　うん.
44　ミチコ：　出て来ちゃった.
45　ツヨシ：　うん.(.)あら.

　この二人は途中まではうまくやりとりをしていたが，24行目以降では両者が誤解していたことが判明する。「新宿コル劇場」周辺には「映画館」が数多くあり，また「ラッテリア」も周辺に2カ所ある（[地図2]参照）。二人は別の「映画館」と「ラッテリア」を指して会話をしており，後になってそれが判明しているのである。実はこのことは，先に述べたオンライン移動のコミュニケーション上の特徴が関係している。

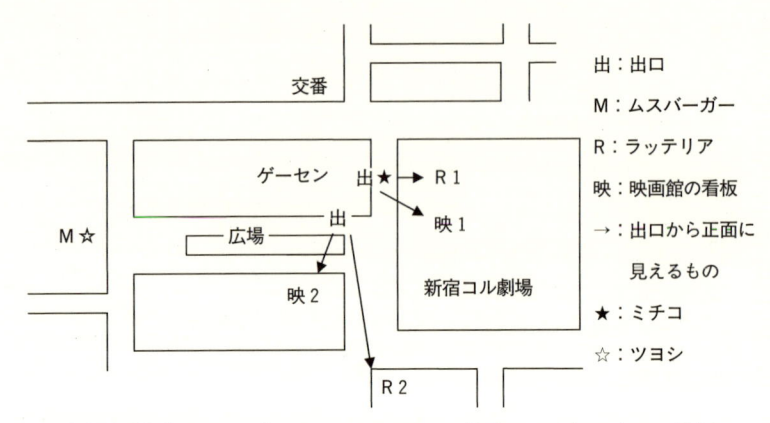

```
出：出口
M：ムスバーガー
R：ラッテリア
映：映画館の看板
→：出口から正面に
　　見えるもの
★：ミチコ
☆：ツヨシ
```

[地図2][データ4]におけるミチコと「ゲーセン」の出口の位置

　会話に沿ってみていこう。04行目のツヨシによる「ゲーセン出て：」という指示の後，05行目のミチコの「出ました．」は，ミチコが実際にゲーセンを出たことの報告として聞くことが可能であり，また次の指示が促されていることを読み取ることも可能である。こうした理解に基づけば，先に述べたように続くツヨシの発話はミチコがゲーセンの外にいることを前提とした形でなされる次の移動の指示として聞くことができる。つまり07行目のツヨシの発話「出るつってもどっちから出る：」は，ミチコが映画館の外に出ていることを前提したツヨシによる新たな方向指示のはじまりであり，映画館の出口までの移動に関しては既に承認済みのもの，とみなすことができる。このとき「映画館のほう？」という09行目のミチコの発話は，「自分のいる出口から映画館に向かって行けばいいのか？」と，その出口に準拠した移動の方向をツヨシに確認していることになる（ゲーセンを交番寄りの出口から出ると，正面に「映画館の看板1」と「ラッテリア1」が見える）。

　しかし07行目のツヨシの発話（「でも出るつっても」）は，次の移動の指示に移ることを拒否し，最初に行われた移動の指示を続けるものとして聞くこともできる。こうした理解に基づけば，ミチコによる09行目の発話（「映画館のほう？」）は，映画館が（見える）側の出口に移動すればい

いのか，という，最初の指示についての確認を求めるものとして聞くことができる（ゲーセンの広場側出口の正面には「映画館の看板2」とその先に「ラッテリア2」が見える）。

　その後09行目から19行目まで，ミチコが「映画館側に出て」「ラッテリア」を見，そこから「もうちょっと左」ないし「先」を探すという，「正しい」移動の仕方をしていることがお互いに確認されている。だが，それが実は間違った方向への移動であったことが判明するのは，最後の移動ステップを経過して見つかるはずの「ムスバーガー」が見つからなかった時なのである。

　このように，指示の失敗が判明せずにやりとりが続いたのは，ひとつには，このケースに固有のいくつかの条件が重なってのことだ。（例えばゲーセンからの出口が複数あること，どちらの出口から見ても，映画館の看板と「ラッテリア」が見えることなど）

　だが，それだけではない。ここでは，次のステップに進むことによってそれまでのステップが正しく経過したことの承認が与えられるという，[データ2]で見たのと同じ作法にのっとってやり取りが展開していくことが見て取れた。そしてそのことによって，移動の間違いがすぐに判明せずに「後になってわかる」という結果が生まれているのである。

4.3. オンライン移動における方向指示の理解

　こうした間違いが「後になってわかる」，という事態が起きてしまうのは，オンライン移動において，明示的に移動の確認がなされないことだけではなく，そこでの方向指示の理解の仕方も関係している。

　私たちは方向指示のときに，「右」や「左」という言葉を使うが，これらは身体を準拠とした相対的な言葉である。従って遠隔での指示作業では，たとえ被指示者（作業者）の身体に準拠して「右」「左」という言葉を使うとしても，被指示者の身体の向きは指示者には見えないことから一つの問題が生じると考えられる。

　しかし「携帯電話を用いた道案内の実験」において「右」「左」という

言葉は頻繁にかつ多くの場合は失敗無く用いられている。

これはなぜなのだろうか。この問題についてビデオデータを用いて検証した岡村によれば、こうした「右」や「左」といった言葉は体の向きと関連づけられて理解されているのではなく、これまでの移動の方向に即して理解されているのである（岡村（2005），遠隔における方向指示に関する議論は第10章も参照のこと）。

こうしたことを念頭において、先のデータにおけるミチコとツヨシの15-18行目のやりとりを再びみてみよう。ミチコの「そこをもうちょっと左？」「先？」といったツヨシの指示を確認する言葉は、どこに準拠して左なのか、先なのか、ということを明示していない。だがツヨシは「先？」に対して「そうそうそう」と返答している。ここで二人は、実際には異なった「ミチコが移動している方向」に基づいてこうした言葉を理解しているのである。

先に述べたように、オンライン移動においては移動したことが明示的には相互確認されないことがある。こうしたとき、相手から指示を促されると、指示を出す側は、相手の「移動している方向」が自分の意図している方向とは異なっていたとしても、それに気がつくことなく新たな方向指示を出してしまう。そして指示を受けた側は、それを、自分が移動している方向に基づいて理解し、さらに誤った方向に移動してしまうのである。

5．まとめ

本章では、道案内における作業において移動がどのようにかかわりを持っており、そのことによって、それをどのように気にかけながら話者が場所の特定、移動の確認、方向指示などの作業を行っていたのかをみてきた。

間欠的移動では、移動の作業と挟まれて会話がなされるゆえに、まず相手と自分との位置を分析してから場所を定式化したり、あとで移動するということを配慮して場所を定式化して、相手や自分の場所を特定してい

た。

　オンライン移動では，移動しながら方向指示を受けるなかで，被指示者は実際に移動したことを示すことで，移動の場所の確認の求めを省略していた。また指示者も新たな指示を出すことで，相手の移動を非明示的に承認していた。またそこでの方向指示もそれまでの移動の方向に準拠して出され，被指示者にもそのように理解されていた。そして被指示者が誤って移動してしまったときには，これらのコミュニケーション上の特徴によって，そうした失敗が後になってから分かる，という結果になることを確認した。

　携帯電話は私たちの日常生活において欠かせないものになってきている。それと同時に私たちが携帯電話を用いて遠隔で移動を伴った形で誰かと協同作業をする機会も増えてきている。ここで挙げられた事例もどれも特殊な状況ではなく，いつでも私たちの身に起こりうる身近なものである。そしてあまりに身近なことゆえに忘れがちではあるが，携帯電話が与えられたからといって私たちはすぐにこうした協同作業ができるようになるわけではないのだ。本章でみてきたように，こうした作業にはそこで行われるべき実践上の課題があるのであり，互いが遠隔であり移動しているということをその課題に即して配慮する能力が求められているのである。

第10章

リモートインストラクション
── 救急救命指示とヘルプデスクの分析

1. はじめに

　本章では、心肺蘇生などの救急指示とヘルプデスクという、現実の社会で携帯電話やコードレス電話を用いてリモートインストラクション（遠隔作業指示）が行われる可能性のある状況をビデオカメラで撮影し、「携帯電話」やコードレス電話を用いることによってどのようなことがおこるのかを見たいと思う。また、そうした分析を通して、携帯電話等をもちいたことば（音声）によるリモートインストラクションの問題とその特性を指摘したい。

2.「携帯電話」によることばを用いた　　リモートインストラクション

　本章で分析する事例は、実際に現実社会で携帯電話を用いて行われる可能性のある作業である。たとえば、救急時に119番に電話をかけたり、機械の使用の問い合わせのためにヘルプデスクに電話をかけたりする時には、電話のかけ手は、患者のそばや、問い合わせを行う機械や機器のそばにいて電話をする。さらに、そうした場合には、電話のかけ手は、電話をしながら、119番の消防指令センターやヘルプデスクからの電話による遠

隔からの音声によることば（以下この章では,「ことば」を「音声によることば」に限定して用いる）による指示に従って,作業を遂行する。このような遠隔的指示がこの章で論じるところのリモートインストラクションである。こうしたリモートインストラクションの場面では,現在では人々がいつも携帯している携帯電話が用いられることが多い。また家庭では,患者や機器の側で電話するために,コードレス電話が用いられることも多い。携帯電話もコードレス電話も,患者や機器の側で電話をしながら作業ができるという,モバイルコミュニケーションの一つの側面（モバイルフォンという側面）では共通している。この章では,携帯電話にもコードレス電話にも共通した課題に焦点をあわせる。以下,実験設定上,コードレス電話を使っている場合でも,「携帯電話」と記す。

　ところで「携帯電話」には,カメラ画像やビデオ画像,メール機能などが付加されている。だが現状では,緊急時にはそうした機能は使わずに,ことばだけで状況を伝え,ことばだけで作業の指示を受けるということの方が多いであろう。将来のモバイルコミュニケーションやリモートインストラクションの可能性については第11章に譲り,本論では,ことばがリモートインストラクションの主要な手段となっていることから出発して考察を行いたい。ことばのみで作業が指示される場面では,ことばによる作業の指示はどのようになされるのであろうか。また,そこにはどのような問題があるのだろうか。

　「携帯電話」をもちいたリモートインストラクションを調査するために,われわれはいくつかのビデオデータを収集した。これらのデータから,「携帯電話」によるリモートインストラクションという,現代のモバイルコミュニケーションの一つの特性を明らかにすることにしたい。

3.「携帯電話」を用いた心肺蘇生の遠隔実験

　交通事故や発作などで心肺蘇生が必要とされる患者は,家庭や職場あるいは雑踏のなかで発生する可能性がある。「携帯電話」のもつモビリティ

によって，患者のそばにいる家族が，「携帯電話」を用いて患者のそばに移動して119番や病院に電話をしたり，あるいは交通事故を目撃した人が道ばたで携帯電話を用いて119番に電話をしたりすることがある。特に患者に心肺蘇生が必要とされるような緊急時には，電話をした人がすぐに救急処置をすれば，患者は助かるかもしれない。だが，心肺蘇生術をまったく知らない人が，電話による専門家のことばによる指示だけで，作業を適切に行うことができるのだろうか。われわれは，そうした問題関心から研究を行った。

われわれが行った心肺蘇生の遠隔実験は，救急医療に関するプロジェクトの一環として行われた（「データについて」を参照。この研究プロジェクトについては，太田祥一（2000），山崎敬一（2004）においても論じている）。

この実験では，心肺蘇生練習用の人形を用いて，人工呼吸と心臓マッサージの指示を，「携帯電話」を用いて行った（実際の実験では，コードレス電話を用いた）。救急救命士として心肺蘇生術についての専門知識を持ち，対面で心肺蘇生術を教えた経験も持っている専門家が指示者になった。ただし指示者は，電話で心肺蘇生術を指示した経験はなかった。また，心肺蘇生術についてはほとんど知識をもっていない大学生が作業者になった。

指示者は一つずつ手順を踏みながら，心肺蘇生術を指導し，作業者は，「携帯電話」で指示を聞いたり質問をしたり質問に答えたりしながら作業を行った。

3.1. 患者の位置の問題

心肺蘇生という作業は，対象となる患者の正確な箇所で行われなければならない。そのためには，指示をする側は患者の正確な状態を把握しなければ，適切な指示をだすことができない。さらに，心肺蘇生は作業者が患者に対して行うため，作業者が患者にどのように相対しているのかという状態も把握しなければ適切な指示を行えない。たとえば，作業者が患者の

右側にいるのか左側にいるのかということは，対面している場合には問題とはならないが，その場面を見ることができない，ことばのみにたよったコミュニケーションにおいては重要な情報となる。

　ではどのようにして指示者はことばによって，作業者が患者とどのように相対しているのかを知るのだろうか。患者の右側と左側はどのように作業者によって確認されるのだろうか。

　以下に示されるデータにおいて，トランスクリプトとともに図示されている図は，作業者側を撮影した映像であり，小さな枠の中の映像は指示者側の映像である。またこの映像は分析のためのものであり，実際には作業者も指示者も映像をお互いに見てはおらず，「携帯電話」によることばのみによるコミュニケーションが行われていた。

3.2. 右側と左側——ことばと身体

　では実際の場面を見てみよう。［データ１］では指示者１が指示を行い，作業者１が作業を行っている。［データ２］では，指示者２が指示を行い，作業者２が作業を行っている。

［データ１］(「携帯電話」による救急実験１)
01　指示者１：　あなたが倒れている人のどちら側に今いますか？
02　作業者１：　右側にいます

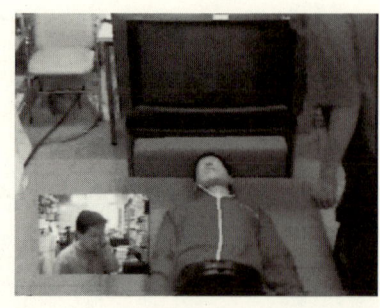

図1　［データ１］での作業者の位置

［データ２］（「携帯電話」による救急実験２）
01　指示者２：　あなたいま倒れている方の　みぎ　ひだり　どちらに
02　　　　　　　いまいますか？
03　作業者２：　左側です

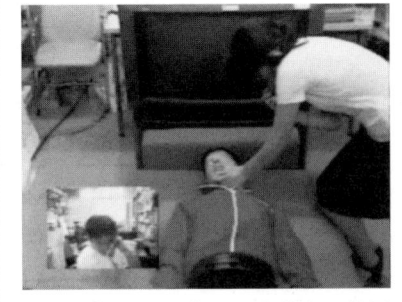

図2　［データ２］での作業者の位置

　図1と図2をみればわかるように，［データ１］，［データ２］の両方とも，それぞれの作業者は，患者（人形のこと，これ以降患者と呼ぶ）に対して同じ場所に立っている。しかし，［データ１］では，作業者1は，「右にいます」（02行目）といい，［データ２］では，作業者2は「左側です」（03行目）と言っている。作業者は患者に対して同じ場所にいるのに，どうして，作業者1の「右にいます」と作業者2の「左側です」という答えの違いが生じたのだろうか。
　その理由の一つとして，指示者の質問自体が両義性をもっているということがある。指示者1は「あなたが倒れている人のどちら側に今いますか？」（［データ１］01～02行目）と聞いている。指示者2は「あなたいま倒れている方の　みぎ　ひだり　どちらにいまいますか？」（［データ２］01～02行目）と聞いている。どちらの質問も，「倒れている人に対して，自分が左右どちらにいるか」と解釈される可能性と，「倒れている人の右手側と左手側のどちら側にいるか」と解釈される可能性をもっていることがわかる。この二つを「作業者の立場からの視点」と「患者の立場からの視点」と呼ぶことができる（山崎敬一，2004）。医学的訓練を受けた人は，

こうした質問に対して「患者の立場からの視点」で答えることが求められる。その場合の正しい答えは、「倒れている人の左手の側にいる」である。

ところが、医学的訓練を受けていない人はしばしば、こうした質問を「作業者の立場からの視点」の質問と解釈し、作業者の立場の視点から答える。すなわち、「作業者である自分が患者に対してどちら側にいるか」という形で答える。ところが、「作業者である自分が患者に対してどちら側にいるか」は、作業者がその場でどのような身体的な行為を行うかによって異なってくるのである。

「右側にいます」といっている時の作業者1と、「左側です」といっている時の作業者2の行為をビデオ映像でよく見ると、2人がその時ことばを言いながらそれぞれ異なった身体的な行為をしていることがわかった。

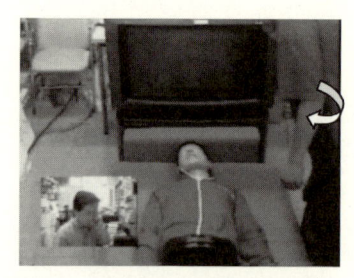

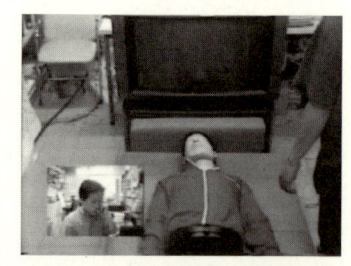

図 3-1　作業者が体を右回転させる　　図 3-2　作業者が体を右回転させる

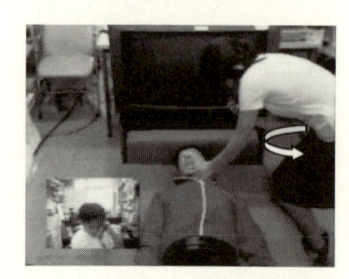

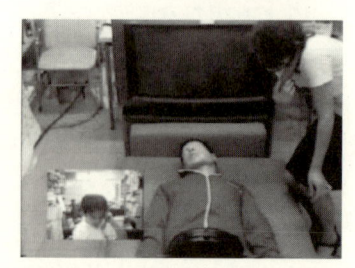

図 4-1　作業者が体を左回転させる　　図 4-2　作業者が体を左回転させる

図 3-1 図 3-2 で示すように、作業者1は「右側にいます」と言うと同時に、自分の身体を右回転させていた。それに対して図 4-1 図 4-2 で示すよ

うに，作業者2は「左側です」と言うと同時に，身体を左回転させていた。身体を右回転させた場合は，作業者である自分の立っている位置は，患者に対して右側になり，自分の身体を左側に回転させた場合は，作業者の位置は患者に対して左側になるのである。

だが，先に述べたように，心肺蘇生術という作業をリモートインストラクションによって行うときには，作業者が患者のどちら側に立ち，どちらの手をつかい作業をするのかということは重要である。作業者が，どちら側にいるのかを確定しなければ適切な手順で適切な指示を行うことができない。ではこうした問題が生じる時に，映像を見ることができない指示者は，どのようにして作業者の位置を確認するのだろうか。

3.3. ことばをとおした身体と空間の組織化
　［データ3］は［データ1］の続きの場面である。

　［データ3］
　01　指示者1：　あなたが倒れている人のどちら側に今いますか？
　02　作業者1：　右側にいます
　03　指示者1：　右手側にいるわけですね？
　04　作業者1：　あっ　左か．
　05　指示者1：　左側にいるわけですね？

　指示者1は，02行目の「右側にいます」という作業者1のことばに対して，そのすぐ次の順番で「右手側にいるわけですね？」（03行目）と言って確認を求めている。この時，指示者1は，「患者の立場からの視点」のことばである「右側にいます」を「右手側にいる」という形で再定式化（相手のことばが示す状況を，別のことばで言いなおすこと）し，作業者1の位置の確認を行っている。それに対して，04行目で作業者1は「あっ　左か．」と答えている。この時のビデオ映像を見てみると，作業者1は自分の体を回して，患者の左手に触って自分が患者の左手側にいること

を発見している（図5）。ビデオ映像を見ることができなくても、04行目の「あっ　左か」という形で「あっ」という知識の状態の変化を示すことばが加わっていることで（Heritage, 1984）、作業者1がこれまで気づいていなかったことを発見したことは、指示者1にも伝わっている。05行目で指示者1は「左側にいるわけですね」と作業者1の答えを再確認する。

このように作業者の答えのすぐあとの順番で、作業者の状況を「右手側にいるわけですね?」と別のことばで（患者の視点から）再定式化することで、指示者は作業者が自分のことばを正しく理解したかどうか確認しているのである。こうした確認をすぐ次の順番ですること、すなわち順番に基盤をもった確認をすることで、ことばだけでも相手の理解を確認することができるのである。

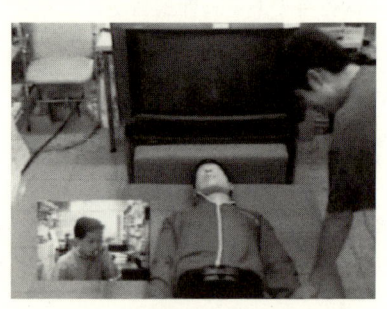

図5　患者の左手をさわる

3.4. 指示と作業が異なる場合

このように、次の順番で相手のことばの示す状況を言い直すという再定式化によって、相手が作業を正しく理解しているか、あるいは相手が正しく作業をしているかを、ことばを用いて確認することができる。だがそのような確認がなされた場合でも、作業者が指示者の指示とはまったく異なった作業を行ってしまう場合もある。

```
［データ4］（［データ2］と同じ指示者と作業者による会話）
01　指示者2：　ろっ骨の下　それを中心にあがるように　ゆっくり
02　　　　　　　あがってきてください．
03　作業者2：　はい．
04　指示者2：　あがってきました？
```

05　作業者2：　はい．
06　指示者2：　みぞおちが確認できますか？
07　作業者2：　はい　わかります．

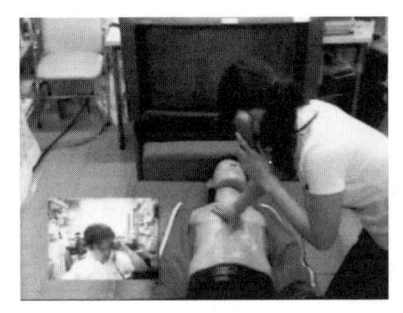

図6　右手でみぞおちをさわる

08　指示者2：　はい　そこに人差し指をおいて．
09　作業者2：　はい．
10　指示者2：　はい　うんで：　え::　すみません　中指をおいて
11　　　　　　中指のよこに人差し指をかさね　え::　並べてくだ
12　　　　　　さい．
13　　　　　　え::今度は，逆側の手を　その横に　人差し指の横
14　　　　　　においてください．

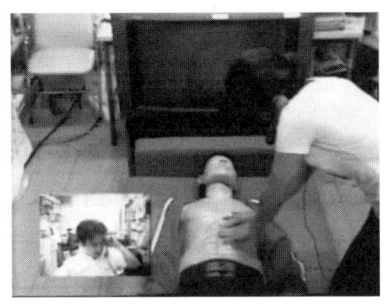

図7　右手の横に左手を置く

15　作業者2：　はい．
16　指示者2：　手の付け根をおいてくださいね．しっかり．
17　作業者2：　手の付け根?

18　指示者2：　はいはい．で そのうえに,え::う片方　さきほどの
19　　　　　　　中指人差し指を離して上に重ねて
20　作業者2：　上からですか？

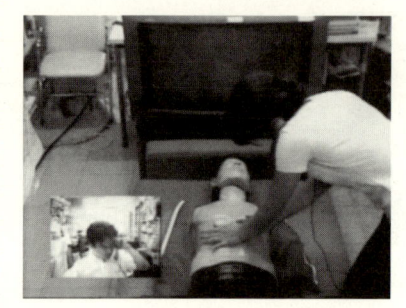

図8　左手をおなかの上にのせ，
　　　右手で押そうとしはじめる

21　指示者2：　そ:です:．両手を重ねるようにして　いいですか？
22　　　　　　　深さは3.5センチぐらいで　心臓をおします．
23　　　　　　　はい　おし　おしましょ::

　心肺蘇生，心臓マッサージは，胸骨の上を押さなくてはならない。指示者は，01行目から02行目で「あがってください」という指示をだし，それに作業者が03行目で「はい」と返答し確認したところを，さらに「あがってきました？」といい，状況を再定式化して再確認を行っている。
　また，もっとも的確な場所がもっとも危険な場所であるみぞおち付近の剣状突起のそばにあるため，その場所をさけて正確に的確に作業をしなければならない。指示者2は10行目から14行目にかけて「はい　うんで:え::　すみません　中指をおいて　中指のよこに人差し指をかさね　え::並べてください．え::今度は，逆側の手を　その横に　人差し指の横においてください．」というような細かい指示をだしている。
　だが指示者2の確認と作業者2の再確認がなされているにもかかわらず，図7では作業者2の手は胸骨の上ではなく，まったく違うおなかの上に置かれている。また作業者2も指示者2もその間違いには気づかずその

箇所を押すという作業にすすんでしまっている（23行目）。

　なぜこのように指示と作業の食い違いが起こったのだろうか？

　図2を見ればわかるように，作業者2は，当初右手に「携帯電話」をもち，左手で患者に対する作業を行っている。

　だが，作業者2は，図6では左手に「携帯電話」を持ち替え，さらに図7，図8では「携帯電話」を首に挟んでいる。このように，作業者2は，作業の途中で何度も「携帯電話」を持つ手を取り替え，それによって患者に対して作業を行う手も何度か変えている。だが，作業を行う手を変えていることを，作業者2は，指示者2に対して一度も言及していない。

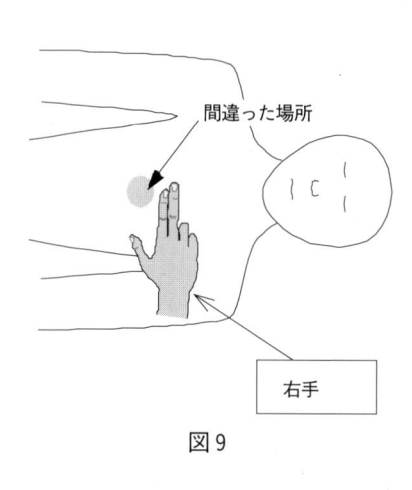

　　　　　　　　　　　　　　　　［データ4］の作業の最初の時点で，「ろっ骨の下　それを中心にあがるようにゆっくりあがってきてください」（01行目から02行目）「あがってきました？」（04行目）「みぞおちが確認できますか？」（06行目）と指示者2に言われたとき，作業者2は，右手を，心臓マッサージの位置決めの導き手として用いている（図2）。だが，作業者2は，「はい．」（03行目）「はい．」（05行目）「はい　わかります．」（07行目）と答えるだけで，どの手を使ったかということは，ことばでは示されていない。

図9

　10行目から13行目にかけて指示者2は「はい　うんで：　え：：　すみません　中指をおいて　中指のよこに人差し指をかさね　え：：　並べてください．え：：今度は，逆側の手を　その横に　人差し指の横においてください．」と細かい指示をだしているとき，作業者2の左手は，右手の人差し指の横に指示者2の指示どおり正しくおかれる。だが右手の人差し指の横のその場所は，図7，図8及び図9で示したように間違った場所，右手

からすると人形の身体の下側のおなかの部分である．だが，もしここで導きの手として，最初に右手ではなく左手が使われたなら，左手の人差し指のよこにおかれた右手は，患者の身体の上側の部分にくるはずであり，心臓マッサージは適切な場所で行われるはずだったのである．

この場合の問題点は，電話を持つ手が途中で入れ替わり，作業する手が変わったことである．そしてそのことが一度もことばでは示されなかったことである．

指示者と作業者の間で，直接にことばで言及されているもの以外に，複数の行為が作業者によって行われている．指示者は，作業者の作業を遂行するためにあるコースを定めるが，それは作業者の行っている他の行為，この場合には電話機を持つことによって干渉されることがありうるのである．

指示者と作業者は，次の順番で，相手の理解や状況をことばで確認しながら作業を行っている．だが，どこかの時点で，間違いが生じ，それが次の順番で確認されなかったときには，その間違った行為がなされた後になって指示者や作業者が互いに何度確認を行っても，最初の間違いそのものに気づかないまま作業が進行してしまう場合があるのである．指示者の指示と作業者の作業およびその確認は，継起的に時間的に組織化されている．それゆえ，その時その場所でことばによる確認を的確に行わないと，あとからの修正は非常に困難になる（第9章を参照）．

このデータは，電話が音声によるコミュニケーションであるために，作業が的確に行えないことがあることを示すだけではない．このデータは，「携帯電話」が作業を行う「道具」であることを示している．「携帯電話」がなければ指示と作業は行えないが，「携帯電話」が右手や左手という手を使わなければならないことによって，作業者側での身体をつかった作業に困難が生じている．「携帯電話」は道具であり，「携帯電話」はこの場合，通話という目的に関しては，合理的で利便性をもっている．しかし「携帯電話」は，身体の一部を束縛して作業を困難にする可能性もあるのである．

だがここでもっとも問題なのは，そうした「道具」としての「携帯電話」の存在が，ここではことばでは言及されていなかったということである。だから問題は，単に一般の「携帯電話」の代わりに，両手を自由に使えるヘッドセットを使えば，解決できるというわけではないのである（実際，図7，図8では，作業者2は「携帯電話」を首に挟んで両手を用いている）。「携帯電話」を用いても，それが道具としてどのように用いられているかが，作業者によって言及されていればここでも問題は生じなかったかもしれない。ヘッドセッドを用いても，それが道具である以上，何らかの形で行為に影響を与える。リモートインストラクションにおいて会話に必要な道具としての「携帯電話」が，会話というコミュニケーションの用途に用いられていることで逆に言及されない見えない存在になり，指示者がその道具の存在を確認できないところで作業に重要な影響を与えて，修正が困難な状況をひきおこすということが問題なのである。

　この節では，心肺蘇生という作業のなかで，どのように作業者と指示者がことばによってお互いの理解や作業の確認をするのかを論じてきた。ことばによる確認は，その発話の順番に基盤をもっており，そこからはずれると間違いが起こっても修正が困難になる。

　ところで，リモートインストラクションは，この節で取り上げた例のように，一方が専門的な知識を持ち，一方が不十分な知識を持っているときにだけなされるわけではない。次の節では，問い合わせる側が知識をもち機器のまえで実際に操作をしながらヘルプデスクとやりとりする場面を分析することにしたい。

4.「携帯電話」を用いたヘルプデスクへの問い合わせ
　　──いかにして正確な場所を伝えるのか

　前節では，指示者は心肺蘇生術に関する専門的知識をもち，それに対して作業者はほとんど心肺蘇生術に関する知識をもたず，指示者の指示に従って作業を行う場面を扱った。本節で論じるヘルプデスクではヘルプデス

ク側はもちろん専門的な知識をもつが，作業者側もある程度の知識をもち機器を操作している。また心肺蘇生を行うような危険を伴う作業ではないために，作業者は機器を自分である程度自由にあつかうことができる。だが，そのために，指示者が機器を操作してほしいことをそのまま作業者にしてもらうことに困難が生じる場合がある。

ここで論じるヘルプデスクとは，機械や機器が壊れたり使い方がわからなかったりするときの電話による問い合わせ先のことである。ヘルプデスクは，メーカーによって組織の違いがある。ここで問い合わせを行ったヘルプデスクは，後で確認を行ったところ，生産工場の社員が問い合わせに応じているとのことであった。

以下に示すデータは，通常のタイプのビデオカメラの操作にはなれている電話の「かけ手」である学生が，同様にビデオカメラの操作にはなれている周囲の学生や教師と相談しても，縦型のタイプのビデオカメラでカセットのとりだしができなかったため，ヘルプデスクに問い合わせを行ったときのものである（このデータは，杉中（2004）で取り扱ったものである）。

「携帯電話」を使用したために，かけ手は片方の手で「携帯電話」をもちビデオカメラを操作しながら問い合わせを行った。また，ヘルプとはヘルプデスクのことである。

［データ6］（ヘルプデスクへの問い合わせ，かけ手の言い換え）
107　かけ手：　これをあの::手前側に，手前側って　あの:レンズ側
108　　　　　　に

［データ7］（ヘルプデスクへの問い合わせ　機器中心の言い換え）
121　かけ手：　上っていうと表現よくわからないんですけど？
122　　　　　　真下から見ると
123　ヘルプ：　うん真下から見ると
124　かけ手：　はい．

125　ヘルプ：　真下から,え：ど：：いいましょうかねじゃ：：.そしまし
126　　　　　　たら,あの：液晶側,液晶の画面ございますよね？

[データ8]（ヘルプデスクへの問い合わせ　普遍的な言い換え）
130　ヘルプ：　それを下に向けていただけますか？
131　かけ手：　それってあの手前側ってこと[ですか？
132　ヘルプ：　　　　　　　　　　　　　　[いえ,あの地面側です.
133　かけ手：　地面側

　[データ6]では,かけ手側が「手前側」を「レンズ側」と言い換えを行っている。また,[データ7]ではかけ手側が「上っていうとよくわからないんですが」といいながら自ら「真下からみると」と言い換えを行う。それに対してヘルプデスク側も「真下からみると」と答え,つぎにかけ手が「はい」というとヘルプデスク側は最初「真下から」といったあとで,「え：どういいましょうかねじゃ：：.」という困難さをあらわすことばを述べたあと,さらに「液晶側,液晶の画面」と言いかえを自分でさらに行っている。つまりかけ手とヘルプデスク側の双方が,自分の順番のことばが終わらないうちに自分で言い換えを行っている。また,データ8ではヘルプデスク側が「下に向けてくださいますか」という発話のあとでかけ手が「手前側ってことですか」といった時に,ヘルプデスク側はことばを重ねる形で同時に,「いえ,あの地面側です」と言い換えを行っている。
　ここの,かけ手とヘルプデスクとのやりとりは,ビデオカメラの側面を特定するためのものである。かけ手もヘルプデスク側も,おたがいにことばによって確認をおこなうが,同時におたがいに共有の理解がなされていないことを示しあう。たとえば,かけ手側は「上っていうと表現よくわからないんですけど？」（121行目）と発話し,それにたいしてヘルプデスク側は「どういいましょうかねじゃ：：」（125行目）と理解が共有されていないことへの理解と言い換えの必然性とその困難さを自ら示しながら,言い換えを行っている。

このケースでは、前の節で述べたことばによる理解の確認とは異なり、ことばによる確認の作業において、理解が共有されていないことへの理解及びその確認がなされているのである。

ここでの再定式化つまり言い換えは、「理解が共有されない」という理解を共有するためになされている。そしてこのような状況は、ビデオカメラが立方体であり、かけ手がビデオカメラをほとんどのようにでも扱えるために起こっている。下や上ということばは、心肺蘇生の場面の右左ということばと同様に、リモートインストラクションにおいては作業空間のなかの何に対して上であり下であるのかをお互いに共有することが難しい。そのために、ヘルプデスク側は「真下」ということばを「液晶側」と、よりことばで理解されやすい作業空間における機器を中心としたことばで言い換えている。また、「下に向けてくださいますか」というヘルプデスクの発話にたいしてかけ手が「それってあの手前側ってことですか？」と問い直し、またその問い直しによって前の発話が理解できないことを示すと、ヘルプデスク側は「いえ，あの地面側です」と地面という指示者も作業者も了解しうることばを発話して、かけ手が理解できなかったことへの理解を示すとともに、新しい枠組みを示しているのである。

カメラが立方体であり比較的自由に操作できるためにこのような問題がおこるということだけではなく、ヘルプデスク側がこの場合その製品を見ていないという状況もこの頻繁な言い換えを引き起こしているといえる。指示者であるヘルプデスク側が専門的な知識をもっていることは前の状況とかわりないが、修理を行うための行為のコースをきめるための前段階のやりとりと共有には、ヘルプデスク側の持つ専門的知識が圧倒的に有効であるということはない。だが、解決を見いだすために、ヘルプデスク側は積極的に、「液晶側」という機器を中心とした言い換えや、地面という地球を中心にした一般的な言い換えを行い、修理を行うための行為のコースを定めようとしているのである。

また、ビデオデータを参照すると、かけ手がとまどっているのは、片方の手で「携帯電話」をもっているために、もう片方の手でビデオカメラの

操作をしなければならず、ヘルプデスク側の指示を聞きながら操作をすることで、返答や作業が遅れるためであることが明らかであった。

5．おわりに —— 道具としての「携帯電話」

　電話を介したことばによる指示の問題を現実社会で必要とされる作業やその場面でのデータをもとにして検証したところ、いくつかの発見点があった。

1．指示者と作業者はお互いの理解や非理解をことばによって確認している。
2．通話を目的とした「携帯電話」はその目的にかんしては合理的で利便性をもつが、「携帯電話」自体の道具としての存在やそれをどのように使用しているかは、ことばでは必ずしも明示されない。
3．道具としての「携帯電話」を使うということが一つの作業となり、ほかの作業を妨げることがあるが、そのこともことばでは必ずしも明示的には示されない。そのため、「携帯電話」があるために指示と作業の食い違いをおこすこともある。
4．ことばによる確認作業においては、どこかで間違いが起こり、それが次の順番で修正されないと、あとから修正することは困難になる。

　リモートインストラクションはなんらかの通信手段と道具を必要としているが、現在においては、その通信手段と道具として「携帯電話」が主に用いられている。将来もしばらくは同じ状態が続くであろう。「携帯電話」のもつモビリティは、リモートインストラクションに最適である。だがそこには、この章で述べたように、いくつかの問題もある。
　この章では、再定式化によることばによる確認という概念を示し、それがどのようになされるのか、それが失敗するときと成功するとき、さらにお互いの理解が共有されないときへの対処に関して、実際の事例の分析か

ら議論してきた。

　このような議論から導き出される結論は，おうおうにして，画像やカメラ機能，動画画面やビデオカメラ機能，そしてメール機能という「携帯電話」の技術的な進歩が必要であるということになりがちである。確かに，それらは必要であるには違いない。しかし，どのような機能が加わっても，この章で示されたように，ことばによる指示者と作業者の確認作業がどのようになされるのかという観点にたって，それらの機能が作業に関してどのように使われるのかを考える必要がある。

　また，「携帯電話」が作業を行う道具であるということもモバイルコミュニケーションを考察する際に見逃してはいけない点である。ハンズフリーの「携帯電話」はこのような問題を解決するかもしれないが，どのような道具を使っても，その使用は別の行為に影響する可能性がある。問題は，コミュニケーションのための道具の使用自体が，ことばによるコミュニケーションにおいて，必ずしも明示されないということにあるのである。

　モバイルコミュニケーションにおいて，将来においてもことばによるコミュニケーションは重要な手段でありつづけるだろう。本章は具体的な作業を分析することを通して，ことばを通したやりとりと，その制約及び可能性について論じた。

第11章
モバイルコミュニケーションの未来

1. はじめに

　日本では2001年より，実画像通信機能付きの携帯電話の発売が開始されている．本書の第3部において議論された問題は，このようなテレビ会議機能付きの携帯電話を使えば解決できるのではないかと想像する人が多いのではないだろうか．しかし過去の研究事例に基づけば，実は，この問題はそう単純には解決しないかもしれない．本章では，デュアルエコロジー（2重のエコロジー）という考え方を紹介するとともに，モバイルコミュニケーションにどのような問題が存在するのか，その問題を解決する糸口は何かということを考えてみる．

2. デュアルエコロジー

　1975年にシャパニスは，台車の組み立てキットの作り方を遠隔地から指示するという実験をおこなった．このとき，何種類かのコミュニケーション手段を用意しておき，利用するコミュニケーション手段によって，作業時間や会話がどのように影響を受けるかということを調査した（A. Chapanis, 1975）．その結果，テレビ会議に代表される実画像通信装置を利用した場合のコミュニケーション効率は，電話のような音声のみの場合

と比べてほとんど変わらないということが明らかになったのである。

電話だけで物の組み立て方や機器の使い方を伝えるのが難しいということは，多くの人が経験済みであろう。そして，それは相手の様子が見えないからだと想像する人も多いであろう。ところがシャパニスが示したように，映像があっても効率が向上しない場合があるのはなぜなのだろうか。このことについて考えるために，エコロジーという考え方を導入してみよう。普通「エコロジー(生態)」とは，生物とそれを取り巻く環境との相互関係のことである。人間と，ユーザインタフェースが作り出す環境との間にも相互関係が存在するわけで，最近ではこれについて論じる場合にもエコロジーという言葉が使われることがある。そこで，本章でもその意味で「エコロジー」という言葉を使うことにする。

人々の行為はその周囲の環境の中で観察されることによって正しく解釈されるのであって，周囲の環境から分離された行為のみを第三者が観察しても，行為者の意図は観察者に正しく伝わらないということが多くの研究によって示されている (C. Goodwin, 2000, L. Suchman, 1987)。人々の行為がコミュニケーションにおいて意味をなし，観察者がその意味を解釈するということは，エコロジカルな営みなのである。

さて，人々が対面して会話をしている場合には，参加者は同じ環境を共有しているため，観察者はその意味をほぼ正しく理解することができる。では，遠隔コミュニケーションの場合はどうなるであろうか。例えば一般的なテレビ会議システムを使って，指示者が作業者に対して作業指示をおこなう場合を考えよう。指示者が，テレビに映っている，作業者側にある対象物を指し示したとする。この行為は指示者の環境で観察される限りは正しく意味が解釈される。しかし，作業者から見ると，テレビ画面を指さした指示者の指先はテレビに映っておらず，しかもその腕も視線もまったく別の方向を示すことになるだろう。作業者がこれを，意味をなさない行為としてとらえるのであればまだ良いが，別の対象物を指し示したと勘違いしてしまう場合もある。指示者の行為を，作業者の環境において解釈することによって，このような問題が起こるのである。シャパニスの実験で

は，実画像通信を使った場合に同様のことがおこっていたと想像される。したがって，指示者の視線の変化や手振りは作業者の環境においてはほとんど意味をなさなかったであろう。おそらくそれによって音声のみで説明したのとほとんど変わらなくなってしまったと考えられる。

　指示者は自分の環境において意味をなす行為をおこなっているのだが，この行為が作業者の環境において正しく意味をなすように表示されない。すなわち，相互のエコロジーが同一ではないことによって，それぞれの行為が対話者の環境において意味をなさなくなってしまっているのである。このことはゲイバーがメディアスペースの異方性の問題として議論し（W. Gaver, 1992），ヒースらがメディアスペースの非対称性の問題として議論している（C. Heath et al., 1992）。

　これらに対してわれわれは，まず場所ごとのエコロジーが存在することを意識し，各々の特性を認識すべきであるという考え方に基づき，これを「デュアルエコロジー」と呼ぶこととした（葛岡・山崎・上坂，2005）。この考え方に従えば，第9章や第10章で示された問題は，指示者が頭の中に描いている環境と行為者の間の相互行為によるエコロジーと，実際の環境と行為者の間の相互行為によるエコロジーに不整合が生じたことによって発生したのだと言うことができるだろう。

3. 手振りのインタラクションが可能な共有環境

　前節では，ジェスチャが意味を成さなくなってしまうことが，実画像通信の効果がなくなってしまう原因の1つであると述べた。そこで，このことを確認する実験を紹介しよう。本節では，対面であっても手振りが使えなくなってしまうことによって，指示効率が大きく減少し，逆に遠隔であってもバーチャルな共有環境を作り出して，そこに手振りを導入すれば指示効率が大きく改善することを示す。

3.1. 手振りの有無とコミュニケーション

対面と実画像通信との大きな違いの一つは，手振りの有無である．実画像通信でも対話者の手振りを見ることはできるが，それは対話者の環境の中で意味をなすものであり，自分の環境の中では意味をなさないことが多い．特に遠隔作業指示において，作業者が自分の環境の中にある対象物の操作方法の説明を受ける場合には，指示者の手振りはほとんど意味をなさなくなってしまうのである．つまり，手振りはないに等しい状態となる．それでは手振りの有無は作業指示にどのような効果があるのだろうか．これを示すために，筆者がかつておこなった実験を紹介する（H. Kuzuoka, 1992）。

作業指示実験を簡便におこなうために，モデル作業と呼ぶ簡易な作業を考案した．この作業では，平面上に描かれた5×5の碁盤目の適当な位置に，立方体，円柱，三角すい，半球の4種類の立体（作業対象物）を複数個配置した（図1）．この碁盤目と立体が空間に占める範囲を作業空間と呼ぶ．作業者は指示者の指示に従って，ある立体を別の場所に移動したり，指示された方向へ回転させたりする作業を行った．

この実験では手振りの有無，および対面と実画像通信の違いがコミュニケーションに与える影響に注目して実験した．設定条件は次の4種類であった．

図1　対面・手振り有り

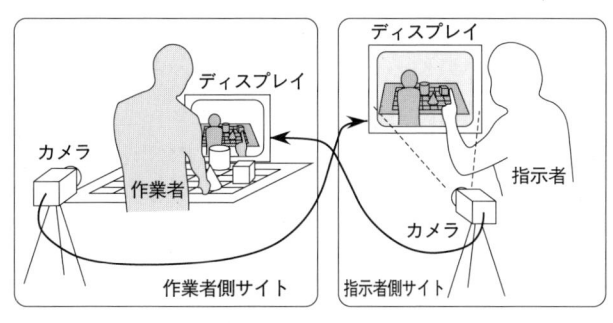

第11章　モバイルコミュニケーションの未来 —— 209

図2　遠隔・手振り有り

- ［設定条件1（対面・手振りあり）］指示者と作業者は対面してコミュニケーションを行う。指示者は作業を指示するために手振りを含め，自由に指示を行ってよいが，作業対象物には触れず，実際の移動，回転作業は作業者が行った。
- ［設定条件2（対面・手振りなし）］指示者と作業者は対面でコミュニケーションを行うが，指示者は手振りの利用が禁止され，言葉のみで指示を行った。
- ［設定条件3（遠隔・手振りあり）］指示者と作業者とは別々のサイトに別れ，モデル作業をおこなう空間は作業者側のサイトに設置された。作業空間は作業者の後方より撮影され，指示者のサイトへ送られた。指示者は20インチのディスプレイでこの画像を観察した。指示者は図2のように，作業空間が映されているディスプレイ上で指さし等の手振りを利用して指示を行った。このとき，ディスプレイ上の映像と指示者の手振りを再びテレビカメラで撮影することによって，擬似的に手振りを作業空間の画像にスーパーインポーズした。この画像を再び作業者側サイトに送信し，作業者の作業空間の前方に置かれたディスプレイ上に映し出した。作業者はこの画像と音声によって作業指示を受けた。カメラ，ディスプレイは固定されており移動できなかった。カメラは撮影角度が0度になるように設置した。
- ［設定条件4（遠隔・手振りなし）］手振りの利用を禁止する以外は設

定条件3と同様の設定でコミュニケーションを行った。すなわち，指示者からの指示は音声のみによって行われた。

指示者，作業者とも理科系大学生であった。実験数は，対面・手振りあり：10組，対面・手振りなし：7組，遠隔・固定・手振りあり：11組，遠隔・固定・手振りなし：7組であった。

モデル作業実験における作業完遂時間の，各設定条件における平均値を図3に示す。この結果から，手振りの有無によって作業時間は大きく2つのグループに分けられることがわかる。手振りが利用可能である場合には遠隔，対面とも作業時間が大きく減少しており，手振りの有無の影響の方が，対面と遠隔の違いよりも大きく影響することがわかる。ビデオの観察結果からも手振りを利用した場合の方が言語的負担が小さく，指示が容易であったことは明らかであった。

手振りが相互に利用できるバーチャルな共有環境を提供することによって，指示者はこの共有環境に対して行為を示し，作業者はこの共有環境においてその意味を正しく解釈することができるのである。この共有環境によってエコロジーを1つにすることができたのだと言うことができる。

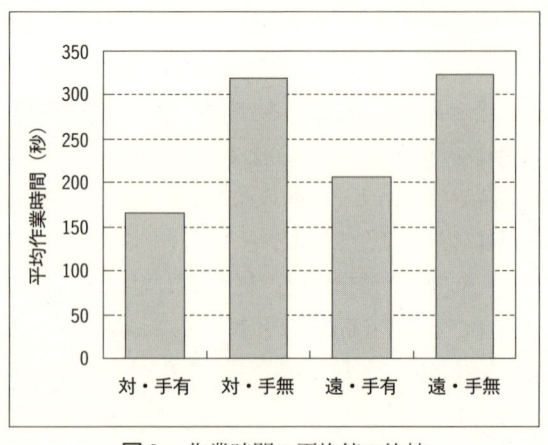

図3　作業時間の平均値の比較

3.2. 撮影角度とコミュニケーション

　単に作業空間をバーチャルに共有し，これに手振りを重畳すればデュアルエコロジーの問題が完全に解決されたと言えるのであろうか。実は，作業者が見ている実際の作業空間とディスプレイ上で見ている作業空間は同一の物ではなく，ここには依然として乖離が存在している。作業者は単に双方の作業空間の対応関係をうまく認識しながら，作業を進めているに過ぎないのである。

　このことを確かめるために，前項の設定条件3と同様の実験条件において，図4の様に作業者が作業空間を見る方向と異なる角度から作業空間を撮影し，撮影角度と作業時間の関係を調べてみた。その結果，手振りをオーバーレイしていても撮影角度が大きくなると指示の時間が長くなってしまうということがわかった。図5に撮影角度と平均作業時間の関係を示す。これは作業者にとって，実環境とモニタ内の2つの環境の間で対応関係を認識するのに時間がかかってしまうからであると考えられる。カメラが作業者の視線に近ければ，作業者からみた実空間とカメラが撮影している実空間はほぼ同様の映像となり，対応関係を認識する時間がほとんどかからないだけなのである。

　これらの実験の結果，作業者の視点から見た風景に近い映像を撮影し，これをメディアの上で共有し，その中で手振りによる相互的インタラクシ

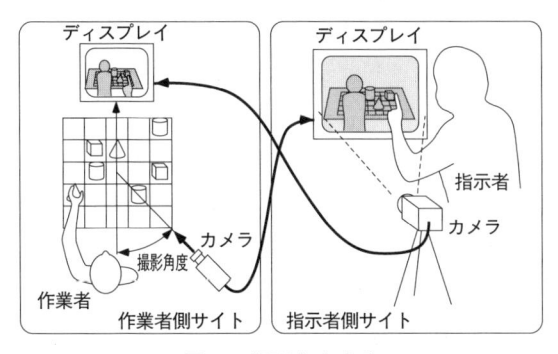

図4　撮影角度実験

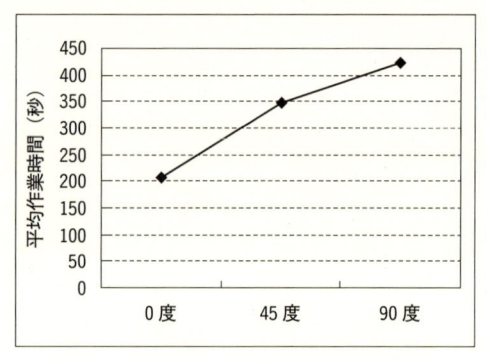

図5　撮影角度と平均作業時間の関係

ョンをおこなうことが，デュアルエコロジーの問題を緩和する有効な手段であるということがわかった．

4. モバイルコミュニケーションの未来

　作業空間が固定していれば前節で紹介したシステムによって，円滑な作業指示を受けることができる．しかし，道案内の場合のように動き回りながら指示を受けるためには，モバイル型のシステムが必要となる．
　SharedView は前節の結果に基づいて開発した，遠隔作業指示を支援するコミュニケーションシステムである（図6）．作業者は頭部にカメラとディスプレイを装着する．頭部に搭載されたカメラは作業者の視線とほぼ一致する映像を撮影し，遠隔地の指示者のディスプレイに表示する．この映像に指示者の手振りがスーパーインポーズされ，作業者の頭部に搭載されたディスプレイに表示される．作業者側の機器は全て頭部に搭載されるため，作業者は動き回りながらでも指示を受けることが出来るのである．
　SharedView は効率的な遠隔作業指示に効果があったが，機器を頭部に装着しなければならないために装着者に大きな負担を強いることになった．最近は非常に小型のカメラやディスプレイが開発されているが，眼鏡程度の大きさと重量の装置が実現しない限り，装着者には違和感を感じさ

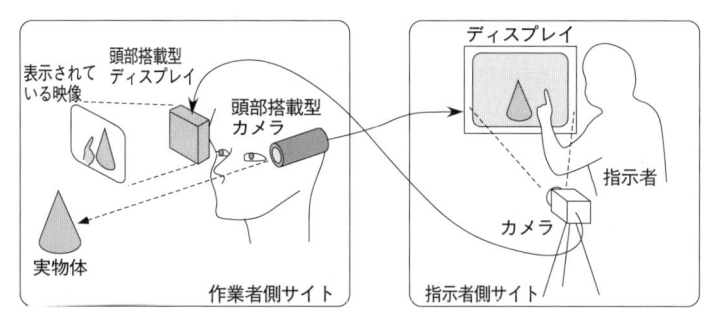

図6 SharedView の概念図

せることになるであろう。

これに対して蔵田らの WACL は肩にカメラを装着するシステムである（T. Kurata, 2004）（図7）。さらに，ディスプレイは胸部に取り付ける方法を提案している。WACL はカメラを遠隔操作により上下左右に振ることができるため，指示者は作業者の視線とは異なる方向を自由に見ることができるという特徴がある。このシステムは頭部に機器を装着しないですむため，SharedView と比べて作業者の負担は軽減されると考えられる。しかし，一般の人々が日常的に装着できるようになるためにはさらな

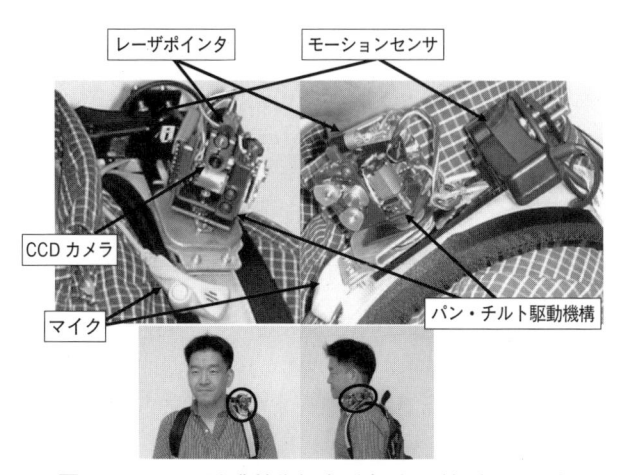

図7 WACL（産業技術総合研究所のご好意による）

る小型化と，簡便な脱着方法が考案される必要があるだろう。

一般的な利用であればやはり携帯電話を利用することになるだろう。図8に装置の例を示す。カメラは目的に応じて向きを変えられるようになっている。例えば道案内をしてもらう時にはカメラは進行方向に向け，機械の使い方を教わるときには下に向けるといった具合である。カメラの向きを変えられる製品は既に多く存在するので，この点は問題ないであろう。小型の駆動機構を内蔵して，遠隔操作でカメラの向きを変えられるようにしても良いかもしれない。携帯電話は図の様に持たなければならないため，会話のためには Bluetooth（機器間を結ぶ無線通信技術）などの技術を利用したヘッドセットを利用する必要があるだろう。

あとは手振り，あるいはそれに代わるポインティングのためのインタフェースが必要となる。本当の手振りの映像をスーパーインポーズするためには，SharedView の指示者側サイトにあるような，手振りを撮影する装置が必要となる。手振りは様々な表現を伝えることができるので，遠隔コミュニケーションの強力な補助となるが，単に場所を示す程度の目的で良いのであれば，指示者のパーソナルコンピュータのディスプレイに送られてきた映像を表示し，その上でマウスを動かすと，そのマウスカーソルが携帯電話のディスプレイの上でも表示されるようにすれば，比較的簡単な装置ですむだろう。

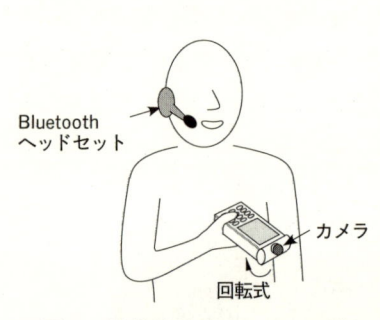

図8　携帯電話型のシステム例

5．おわりに

本章では，遠隔的なコミュニケーションを支援するシステムにとって避けることのできない，デュアルエコロジーという考え方を提案した。また，この問題を緩和する技術として，メディアによって作り出したバーチ

ャルな共有空間の中で,身体的な行為を相互に観察できるようにする方法を紹介した。

　本章では手振りを具体例としてデュアルエコロジーの考え方を論じたが,当然そのほかの行為の伝達を支援しようとする場合にも有効な概念となる(葛岡,山崎,上坂,2005)。ここで重要なことは,人々による様々な行為がコミュニケーションに対してどのような役割を果たしているのかということを理解することである。遠隔コミュニケーションを支援するシステムの開発は,そうした理解に基づいていることが望ましい。そのためには,エスノメソドロジーに代表される社会学的な研究とシステム開発に関わる工学的な研究との共同がますます重要になるのである。

■データについて

　この本のもとになっている会話等のデータは，編者やそれぞれの章の著者たちが関わった2種類の共同研究で集められたものである。
　一つは，携帯電話の会話や携帯メールの会話分析的研究である。もう一つは，リモートインストラクションに関する社会学者と工学者による学際的な共同研究である。
　この本の第4章から第8章までの主要部分を構成する携帯電話の会話分析の共同研究と携帯電話のデータの収集は，2002年卒業の藤巻さや香さんの「ケータイが携帯する会話形態」という埼玉大学教養学部の卒論研究から始まった。その卒論は，携帯電話の会話を録音し，それを書き起こし（トランスクリプトの作成），「序」で解説する会話分析の方法で分析しようとしたものだった。またその研究は，埼玉大学教養学部の山崎ゼミ（現代社会学演習）のゼミ研究の一部として行われ，携帯電話の会話データの収集も，ゼミの参加者の協力の下で集められた。
　その後何年かごとに，山崎ゼミのゼミ研究や卒論研究として携帯電話の会話データの収集が行われ，2003年卒業の田屋美幸「携帯電話における会話について――会話者たちの関係と会話」，2004年卒業の谷井みその「携帯電話の実態と人々の生活の変容――データによる検証」という卒論が書かれた。また，携帯電話の使用場面や第三者の参加する会話場面をビデオ撮影し，会話分析および相互行為分析の手法で分析した飯島田鶴子さんによる2003年の修士論文「多人数会話における参与フレームの組織化」も書かれた。
　そうした研究を受け継いだ形で，2004年度から，科学研究費基盤研究B「協同作業空間の複層性に関する社会学的研究」（代表，山崎敬一）という共同研究を開始し，携帯電話の会話データや携帯メールを統一的な仕方で収集した。また，2004年度には，一橋大学大学院博士課程の大学院生であった五十嵐素子（現光陵女子短期大学専任講師），2004年度，2005年度には東京都立大学大学院博士課程の大学院生である鶴田幸恵が科学研究費研究支援者（埼玉大学非常勤職員）として，研究に加わった。
　2004年度には，予備研究として，埼玉大学教養学部の社会学特殊講義（会話

分析）の授業参加者が携帯電話の会話データを収集し，特殊講義の発表会では，埼玉大学教養学部学生の木戸菜摘さん，岡田真衣さん，阿部寿子さんがそれぞれ研究データを発表した。また2005年度には，埼玉大学および五十嵐素子が就職した光陵女子短期大学で携帯電話の会話データの収集を行った。さらに，五十嵐素子とすでに携帯メールの収集と分析を行っていた立教大学の是永論が，科学研究費の研究「視覚イメージ伝達のカテゴリー分析：モバイル技術を利用した相互行為における教示実践」を始め，その研究とも連携した形で，立教大学と光陵女子短期大学で携帯メールのデータ収集を行った。

　この本の第4章から第8章において使用した会話データは，次のものである。藤巻さや香さんの卒論で集められたもの（FM 1～FM 12）。田屋美幸さんの卒論で集められたもの（TY 1～TY 16）。谷井みそのさんの卒論で集められたもの（TN 1～TN 12）。飯島田鶴子さんの修論データで集められたもの（TI 1～TI 3）。2004年の埼玉大学での予備調査で集められたもの。2005年に埼玉大学で集められたもの（S 1～S 15）。2005年に光陵女子短期大学で集められたもの（K 1～K 29）。それぞれの章で使用したデータには，それぞれの略号が付けられている。ただしそれぞれの章で引用したデータトランスクリプト（会話を分析用に書き起こしたもの）は，編者と科研費研究支援者の鶴田幸恵と第2部のそれぞれの章の著者が協力して，今回新たに作成したものである。

　第4章から第8章までの各章の研究の一部は，いかなる関心で最初にデータの収集を行ったのかということも含めて，上で述べた卒論研究やゼミでの研究に一部依存している。ただし，それぞれの章の分析は，それぞれの章の著者が，新たに2004年度，2005年度に集めたデータも加えて，独自に行ったものである。

　第4章は主に2005年度に埼玉大学および光陵女子短期大学で集めた会話データに基づいている。

　第5章は，田屋美幸さんの卒論の関連で集められた会話データに基づいている。ただしトランスクリプトは高木智世が新たに作成し，分析も独自に行った。

　第6章は，2004年度の埼玉大学の会話データと，2005年度の埼玉大学，光陵女子短期大学の会話データに基づいて分析を行ったものである。

　第7章は，是永論が立教大学で収集したデータと，2005年度に光陵女子短期大学で集めた携帯メールのデータに基づいている。

　第8章は，埼玉大学の飯島多鶴子さんの修士論文と藤巻さや香さんの卒業論文に一部依拠し，その二つの論文を参照しながら，「他の人といる時に携帯電話

がかかってきたらどうするか」という問題について，見城武秀が独自の分析を行ったものである．

第9章から第11章のもとになっているのは，社会学者と工学者および救急医療の関係者のリモートインストラクションに関する共同研究である．

第9章は埼玉大学で行った，携帯を用いた道案内の共同研究プロジェクトで集めたデータを用いている．特に，埼玉大学教養学部社会学演習（山崎ゼミ）のグループ発表（伊藤智也・岡田真司・小貫竜輔・小原康太・菊地理恵（2001）「携帯電話を使った待ち合わせ」埼玉大学教養学部社会学演習グループ発表，岡村拓哉・河津慶太・北原健太・鈴木曜・早川智也（2004）「携帯電話による道案内」埼玉大学教養学部社会学演習グループ発表）で集めたデータと，岡村拓哉（2005）「携帯電話による道案内」埼玉大学教養学部卒業論文で集められたデータを用いて，独自の分析を行ったものである．

第10章は，埼玉大学，杏林大学，筑波大学の遠隔医療に関する共同研究と，杉中紗弥と山崎晶子が公立はこだて未来大学で収集したデータを使用している．

なお，第9章と第10章のデータの一部は，電気通信普及財団及び国際コミュニケーション基金の助成を受けて収集したものである．

第11章の実験データは1990年から1991年にかけて，東京大学における博士課程論文の研究として葛岡英明が実施した実験に基づいている．これに対して本書では，山崎敬一との共同研究に基づいた考察を加えた．

参考文献

Bell, D. (1973) *The Coming of Post-Industrial Society: A Venture in Social Forecasting*, Basic Books, New York. [内田忠夫ほか 訳『脱工業社会の到来──社会予測の一つの試み（上・下）』(1975) ダイヤモンド社.]
Chapanis, A. (1975) "Interactive Human Communication," *Scientific American* 232, 36-42.
Dreyfuss, H (1955) *Designing for People*, Simon and Schuster, New York. [勝見勝（訳）『百万人のデザイン』(1959) ダヴィッド社.]
船津衛 (1996)『コミュニケーション入門──心の中からインターネットまで』有斐閣.
Duranti, A. (1997) *Linguistic Anthropology*, Cambridge University Press, Cambridge.
藤巻さや香 (2002)「ケータイが形態する会話形態」埼玉大学教養学部卒業論文.
Gaver, W. (1992) "The Affordances of Media Spaces for Collaboration," *Proceedings of CSCW '92*, 17-24.
Goffman, E. (1963) *Behavior in Public Places: Notes on the Social Organization of Gatherings*, The Free Press, New York. [丸木恵祐・本名信行（訳）『集まりの構造──新しい日常行動論を求めて』(1980) 誠信書房.]
──(1981) *Forms of Talk*, University of Pennsylvania Press, Philadelphia.
Goodwin, C. (1981) *Conversational Organization: Interaction between Speakers and Hearers*, Academic Press, New York.
──(2000) "Action and Embodiment within Situated Human Interaction," *Journal of Pragmatics 32*, 1489-1522.
Habuchi, I. (2005) "Accelerating Reflexivity," in M. Ito, D. Okabe and M. Matsuda (eds.), *Personal, Portable, Pedestrian: Mobile Phones in Japanese Life*, MIT Press, Cambridge, 165-182.
浜日出夫 (2004)「エスノメソドロジーの発見」山崎敬一（編）『実践エスノメソドロジー入門』, 有斐閣, 2-14.
Heath, C. (1984) "Talk and Reciprocity: Sequential Organization in Speech and Body Movement," in J. M. Atkinson and J. Heritage (eds.), *Structures of Social Action: Studies in Conversational Analysis*, Cambridge University Press, Cambridge, 247-265.
Heath, C., and P. Luff, (1992) "Media Space and Communicative Asymmetries: Preliminary Observations of Video Mediated Interaction," *Human-Com-*

puter Interaction 7, 315-346.
Heritage, J. (1984) "A Change-of-State Token and Aspects of its Sequential Placement". in J. M. Atkinson and J. Heritage (eds.), *Structures of Social Action: Studies in Conversation Analysis*. Cambridge University Press, Cambridge, 299-345.
Hopper, R. (1992) *Telephone Conversation*, Indiana University Press, Indianapolis.
Hutchby, I. and S. Barnett, (2005) "Aspects of the Sequential Organization of Mobile Phone Conversation", *Discourse Studies 7(2)*, 147-171.
飯島田鶴子（2003）「多人数会話における参与フレームの組織化」埼玉大学大学院文化科学研究科修士論文.
伊藤智也・岡田真司・小貫竜輔・小原康太・菊地理恵（2001）「携帯電話を使った待ち合わせ」埼玉大学教養学部社会学演習グループ発表
Jünger, E. (1954) *Das Sanduhrbuch. 2.Aufl.*, Vittorio Klostermann Verlag, Frankfurt am Main.［今村孝（訳）『砂時計の書』（1990）講談社学術文庫.］
（株）イプシ・マーケティング研究所（2004）「第4回コンシューマレポート「携帯電話の利用に関する調査（II）」 調査結果データ編」http://www.ipse-m.com/report_csmr/report_c4/IPSe_report4.pdf
Kato, H. (2005) "Japanese Youth and the Imagining of *Keitai*," in M. Ito, D. Okabe and M. Matsuda (eds.), *Personal, Portable, Pedestrian: Mobile Phones in Japanese Life*, MIT Press, Cambridge, 103-119.
木村大治（2003）『共在感覚――アフリカの二つの社会における言語的相互行為から』京都大学学術出版会.
小林正幸（2001）『なぜ，メールは人を感情的にするのか――Eメールの心理学』ダイヤモンド社.
Kurata, T., N. Sakata, M. Kourogi, H. Kuzuoka, and M. Billinghurst (2004) "Remote Collaboration Using a Shoulder-Worn Active Camera/Laser," *Proceedings of 8th IEEE International Symposium on Wearable Computers*, 62-69.
Kuzuoka, H. (1992) "Spatial Workspace Collaboration: A Shared View Video Support System for Remote Collaboration Capability," *Proceedings of CHI '92*, 533-540.
葛岡英明・山崎敬一・上坂順一（2005）「ロボットを介した遠隔コミュニケーションシステムにおけるエコロジーの二重性の解決――頭部連動と遠隔ポインタの評価」『情報処理学会論文誌』第46巻1号，187-196.
Lupton, E. (1993) *Mechanical Brides: Women and Machines from Home to Office*, Cooper-Hewitt National Museum of Design and Princeton Architectural Press, New York.
Marchand, R (1985) *Advertising the American Dream: Making Way for Modernity, 1920-1940*, University of California Press, Berkeley.
松田美佐（2003）「モバイル・コミュニケーション文化の成立」伊藤守・小林宏一・正村俊之（編）『電子メディア文化の深層』早稲田大学出版部，173-194.

――(2005) "Discourses of *Keitai* in Japan," in M. Ito, D. Okabe and M. Matsuda (eds.), *Personal, Portable, Pedestrian: Mobile Phones in Japanese Life*, MIT Press, Cambridge, 19-39.
三矢惠子・荒牧央・中野佐知子（2002）「広がるインターネット，しかしテレビとは大差――「IT時代の生活時間」調査から」『放送研究と調査』4月号，2-21．
モバイル・コミュニケーション研究会（2002）『携帯電話利用の深化とその影響』科学研究費「携帯電話利用の深化とその社会的影響に関する国際比較研究」（研究代表者　吉井博明）初年度報告書
モバイル社会研究所（2005）『災害時における携帯メディアの問題点』（報告書代表　中村功）NTTモバイル社会研究所
内閣府大臣官房政府広報室「児童の性的搾取に関する世論調査」
http://www8.cao.go.jp/survey/h14/jido-sakushu/
中村功（2003）「携帯メールと孤独」『松山大学論集』第14巻6号，85-99．
――（2005）「携帯メールのコミュニケーション内容と若者の孤独恐怖」橋元良明（編）『講座社会言語科学第2巻　メディア』ひつじ書房，70-84．
中野翠（編）（1996）『日本の名随筆別巻70　電話』作品社．
西阪仰（1999）「会話分析の練習――相互行為の資源としての言いよどみ」好井裕明・山田富秋・西阪仰（編）『会話分析への招待』世界思想社，71-100．
――（2000）「相互行為のなかの認識」『文化と社会』2：149-175．
――（2004）「電話の会話分析――日本語の電話の開始」山崎敬一（編）『実践エスノメソドロジー入門』有斐閣，113-129．
野間俊彦（2005）「メールはコミュニケーションをどう変えたか」『児童心理』第59巻10号，910-914．
岡村拓哉・河津慶太・北原健太・鈴木曜・早川智也（2004）「携帯電話による道案内」埼玉大学教養学部社会学演習グループ発表
岡村拓哉（2005）「携帯電話による道案内」埼玉大学教養学部卒業論文
太田一郎（2001）「パソコン・メールとケータイ・メール――『メールの型』からの分析」『日本語学』第20巻，44-53．
太田祥一・行岡哲男・山崎敬一・山崎晶子・葛岡英明・松田博青・島崎修次（2000）「Head mounted display (HMD) による Shared-View system を用いた遠隔指示・支援システムの検討」『日本救急医学会雑誌』第11巻1号，1-6．
Sacks, H. (1972a) "An Initial Investigation of the Usability of Conversational Data for Doing Sociology," in D. Sudnow (ed.), *Studies in Social Interaction*, The Free Press, New York, 31-73 (notes 430-431).［「会話データの利用法――会話分析事始め」北沢裕・西阪仰（訳）『日常性の解剖学』(1995) マルジュ社，93-173．］
――(1972b) "On the Analyzability of Stories by Children," in: J. J. Gumperz, & D. Hymes, (ed.), *Directions in Sociolinguistics: the Ethnography of Communication*. Rinehart & Winston, New York, 325-45.
――(1992) *Lectures on Conversation. 2 vols.*, Basil Blackwell, Oxford.
Sacks, H., E. A. Schegloff (1979) 'Two Preferences in the Organization of Reference to Persons in Conversation and their Interaction'. in G. Psath-

as, (ed.), *Everyday language: Studies in Ethnomethodology*. Irvington, New York, 15-21.
Sacks, H., E. A. Schegloff and G. Jefferson (1974) "A Simplest Systematics for the Organization of Turn-taking for Conversation," *Language 50*, 696-735.
Schegloff, E. A. (1972a) "Sequencing in Conversational Openings," in J. J. Gumperz and D. Hymes (eds.), *Directions in Sociolinguistics*, Holt, Rinehart and Winston Inc., New York, 346-380.
——(1972b) "Notes on a Conversational Practice: Formulating Place," in D. Sudnow (ed.), *Studies in Social Interaction*, The Free Press, New York, 75-119 (notes 432-433).
——(1979) "Identifications and Recognition Openings," in G. Psathas (eds.), *Everyday Language: Studies in Ethnomethodology*, Boston University, Boston, 23-78.
——(1986) "The Routine as Achievement." *Human Studies 9*, 111-151.
——(2002) "Opening Sequencing," in J. E. Katz and M. Aakhus (eds.), *Perpetual Contact: Mobile Communication, Private Talk, Public Performance*, Cambridge University Press, Cambridge, 326-385. [平英美 (訳)「開始連鎖」富田英典 (監訳)『絶え間なき交信の時代』(2003) NTT出版, 418-494.]
Schegloff, E. A., and H. Sacks (1973) "Opening Up Closings," *Semiotica 8(4)*, 289-327. [「会話はどのように終了されるのか」北沢裕・西阪仰 (訳)『日常性の解剖学』(1995) マルジュ社, 175-241.]
Sproull, L., and S. Kiesler (1991) *Connections: New Ways of Working in the Networked Organization*, MIT Press, Cambridge. [加藤丈夫 (訳)『コネクションズ』(1993) アスキー.]
Suchman, L. (1987) *Plans and Situated Actions: The Problem of Human-Machine Communication*, Cambridge University Press, Cambridge. [佐伯胖 (監訳)『プランと状況的行為』(1999) 産業図書.]
杉中紗弥 (2004)「携帯電話のエスノグラフィー」公立はこだて未来大学卒業論文.
総務省 (編) (2005)『平成17年度版 情報通信白書』ぎょうせい.
田中ゆかり (2001)「大学生の携帯メール・コミュニケーション」『日本語学』第20巻, 32-43.
谷井みその (2004)「携帯電話の実態と人々の生活の変容――データによる検証」埼玉大学教養学部卒業論文
田屋美幸 (2003)「携帯電話における会話について――会話者たちの関係と会話」埼玉大学教養学部卒業論文
東京大学社会情報研究所 (編) (2001)『日本人の情報行動2000』東京大学出版会.
富田英典 (2002)「ケータイ・コミュニケーションの特性」岡田朋之・松田美佐 (編)『ケータイ学入門』有斐閣, 75-96.
辻大介・三上俊治 (2001)「大学生における携帯メール利用と友人関係――大学生アンケート調査の結果から」平成13年度 (第18回) 情報通信学会大会

個人研究発表配付資料.
山崎敬一（2004 a)『社会理論としてのエスノメソドロジー』ハーベスト社.
――（編）(2004 b)『実践エスノメソドロジー入門』有斐閣.
――(2004 c)「エスノメソドロジーの方法（1）」山崎敬一（編）『実践エスノメソドロジー入門』有斐閣，15-35.
山崎敬一・葛岡英明・山崎晶子・池谷のぞみ（2004)「リモートコラボレーション空間における時間と身体的空間の組織化」『組織科学』第 36 巻 3 号，32-45.
安川一（編）(1991)『ゴフマン世界の再構成――共在の技法と秩序』世界思想社.
若林幹夫（1992)「電話のある社会――メディアのもたらすもの」吉見俊哉・若林幹夫・水越伸『メディアとしての電話』弘文堂.

索 引

あ

挨拶　9,109,114,117,127-128,133
居場所を聞く発話　103-104,106,108,111-113,115-117
エスノメソドロジー　4-5,215
遠隔　3-4,16,60,137,165,183-185,187-189,205-210,212-215
遠隔的協同作業　3-4,16
応答　8-10,60-65,67,69-73,93-96,102,108-110,114,127,152,154-156

か

会話の開始（始まり）　8,13,59-60,62,66,69,71,108-109,116,127
会話分析　4-5,7-9,59,77-78,80,86,127,165,172
カテゴリー（成員カテゴリー）　14,71-72
関与　141,148,151,154,159
救急救命指示　3,4,187
共在　147-148,151
グッドウィン（Goodwin）　9,206
答え　8-10,48-49,54,61,65,68,80,82,86-87,94,101-113,117,127-130,133,158,160171,189,191-194,197,201
国家の神経系　12,20
ことばによる確認　198-199,202-203
ゴフマン（Goffman）　146,148-151
コミュニケーション・チャンネル　13,60,68,77-79,83,87,89,92-93,95-97,122,135

さ

サックス（Sacks）　5-6,9,11,14,88,136
シェグロフ（Schegloff）　5,7-9,11,14,60,66,88,114,136,154,172,174
親しさ（親しい，親しみ，親しげ）　4,14,38,59,61,63,69,71-75,83,119-120,122-124,126,129-133,137,139,143
質問　9-10,12,48-49,54,65-66,68,72,80,82,86-87,94,102,104-107,109-113,127-130,133,135-136,158-160,171,189,191-192
終了　10-11,34,46,48-51,53,55,79,84,88-89,105-106,112,126,135-136,155,157-158
先終了　10,88-89,136
順番　9-12,51,60,62-73,77,82-84,86-90,92-96,113,115-117,127-129,135-136,193-194,198-199,201,203
順番構成成分　11
順番交代に関する優先規則　11
順番交代のテクニック　11
順番取りシステム　9-11,92,127
順番の移行が適切になる場　11-12
順番の（を）開始　88,90,96

順番配分成分　11
助言　52,54-55,140
親密　14,119,131
先行連鎖　→連鎖
先終了　→終了
相互行為　5,9,16,77-79,86,92-93,97,149,207
相互認識　59,61-62,65-66,68-69,70-72,74-75
相談　5-7,55,120-121,138-142,200

た

チャンネル　→コミュニケーション・チャンネル
挑戦　48-51
提案　9,49,87-89,101,105-106,112,168,175,213-214
抵抗　22,50-51,55
手がかり　123,142
デザイン　21,25,27-29,61-63,68,71,135,174-175
デュアルエコロジー　16,205,207,211-212,214-215
テレフォニック（遠い声）　3,12-13,78-79
電話の開始（始まり）　4,13,59-60,62,69,71,79,83,108-109,114,116,127
電話番号通知システム　13,58,99
トピック（話題）　50,59,88,92-94,96
　トピック化　92,94,96
トラブル　4,14,16-17,52-55,60,77,79,84,86,89,92,96,171,179
　トラブル（の）（が）（を）報告　53-55,60

な

名乗り（名乗ら，名乗る，名乗った）　6,7,9,13,46,57,59,62,68,69,75,114,115,123,135

は

ナビゲーション　3-4,16
パーソナル　12-13,25,29,32-33,43,120,214
　パーソナル化　13,120
　パーソナル・コミュニケーション・メディア　13,32-33,43
発話（の）連鎖　6-10,79-80,82-84,86-89
ヒース（Heath）　9,207
プライベート　27-28,120,122-123
　プライベート性　120,122
ペア　→隣接対
ヘルプデスク　3-4,17,187,199-203
方向指示　177-178,182-185
傍流的連鎖　→連鎖

ま

マルチメディア化　34,38,43
道案内　3-4,17,165-167,169,183,212,214
モバイルコミュニケーション　3-5,12-17,31-33,35,39-41,43,188,204-205,212

や

友人（関係）　36,50-51,53-56,58,72,75,103,120-121,123,130-131,139-140
ユビキタス　15,32,99,101,116
呼びかけ　8-10,12,59,60-63,67-72,93-96,110,114,117,127,151,154

ら

リモートインストラクション　3-4,16,187-188,193,199,202-203

隣接対（ペア）　6,9-10,12,80,
　94,109
連鎖（シークエンス）　6-10,13,
　78-80,82-84,86-89,91-94,96-97,
　105-106,108-109,111-113,116,
　127-130,135,143
　　先行連鎖　　10,80,91,112
　　傍流的連鎖　　84,87,89,92

わ

話者の移動　　166-167
話題（トピック）　50-53,55,59-
　60,62,64-66,68,83,88,97,101,
　108,111,113,115-117,154,157,
　160,174,179

【執筆者紹介】

山崎敬一（やまざき・けいいち）〈編者・序・第10章・第11章担当〉 埼玉大学教養学部教授，奥付を参照

菅靖子（すが・やすこ）〈第1章担当〉 津田塾大学助教授，デザイン史・イギリス史・ミュージアム研究，著書『イギリスの社会とデザイン』（彩流社，2006年）

松田美佐（まつだ・みさ）〈第2章担当〉 中央大学文学部助教授，コミュニケーション/メディア論，共編著『ケータイ学入門』（有斐閣，2002年）

西阪仰（にしざか・あおぐ）〈第3章担当〉 明治学院大学社会学部教授，エスノメソドロジー・会話分析，著書『心と行為』（岩波書店，2001年）

鶴田幸恵（つるた・さちえ）〈第4章担当〉 東京都立大学大学院博士課程/埼玉大学非常勤職員，ジェンダー論・相互行為論

高木智世（たかぎ・ともよ）〈第5章担当〉 筑波大学大学院人文社会科学研究科専任講師，日常会話および制度的場面の会話分析

坂本佳鶴恵（さかもと・かづえ）〈第6章担当〉 お茶の水女子大学教授，コミュニケーション論・家族/ジェンダー論，著書『アイデンティティの権力』（新曜社，2005年）

是永論（これなが・ろん）〈第7章担当〉 立教大学社会学部助教授，情報行動論・メディア利用の相互行為的分析・テクスト分析

五十嵐素子（いがらし・もとこ）〈第7章・第9章担当〉 光陵女子短期大学専任講師，教育社会学・エスノメソドロジー・会話分析

見城武秀（けんじょう・たけひで）〈第8章担当〉 成蹊大学文学部助教授，コミュニケーション論・メディア論

山崎晶子（やまざき・あきこ）〈第10章担当〉 公立はこだて未来大学システム情報科学部専任講師，身体と道具の相互行為分析・ミュージアム研究

杉中紗弥（すぎなか・さや）〈第10章担当〉 埼玉大学文化科学研究科修士課程，エスノメソドロジー・CSCW・相互行為分析

葛岡英明（くずおか・ひであき）〈第11章担当〉 筑波大学大学院システム情報工学研究科教授，CSCW・グループウェア

[編者紹介]

山崎敬一（やまざき・けいいち）
埼玉大学教養学部教授，博士（文学）（早稲田大学）。専門は，エスノメソドロジー・会話分析・相互行為分析・CSCW・ミュージアム研究。著書に，『美貌の陥穽——セクシュアリティーのエスノメソドロジー』（ハーベスト社，1994年），『社会理論としてのエスノメソドロジー』（ハーベスト社，2004年），編著『実践エスノメソドロジー入門』（有斐閣，2004年），共編著『語る身体・見る身体』（ハーベスト社，1997年）などがある。

モバイルコミュニケーション
——携帯電話の会話分析

Ⓒ Yamazaki Keiichi, 2006　　　　　　　　NDC 361 xi, 227p 21cm

初版第 1 刷────2006 年 4 月 15 日

編　者	────	山崎敬一
発行者	────	鈴木一行
発行所	────	株式会社 大修館書店

〒101-8466　東京都千代田区神田錦町 3-24
電話　03-3295-6231 販売部／03-3294-2357 編集部
振替　00190-7-40504
[出版情報] http://www.taishukan.co.jp

装丁者	────	佐々木哲也
印刷所	────	壮光舎印刷
製本所	────	関山製本社

ISBN4-469-21304-7 Printed in Japan

Ⓡ 本書の全部または一部を無断で複写複製（コピー）することは，著作権法上での例外を除き禁じられています。